特种设备作业人员安全技术培训考核统编教材

高空作业机械安全操作与维修

张耀光　主　编

喻惠业　龚小平　张　静　副主编

中国劳动社会保障出版社

图书在版编目(CIP)数据

高空作业机械安全操作与维修/张耀光主编. —北京：中国劳动社会保障出版社，2011

ISBN 978-7-5045-9188-3

Ⅰ.①高…　Ⅱ.①张…　Ⅲ.①高空作业-建筑机械-安全技术②高空作业-建筑机械-维修　Ⅳ.①TU6

中国版本图书馆 CIP 数据核字(2011)第 164509 号

中国劳动社会保障出版社出版发行

（北京市惠新东街 1 号　邮政编码：100029）

出 版 人：张梦欣

*

北京金明盛印刷有限公司印刷装订　新华书店经销

850 毫米×1168 毫米　32 开本　4.875 印张　120 千字

2011 年 8 月第 1 版　　2011 年 8 月第 1 次印刷

定价：14.00 元

读者服务部电话：010-64929211/64921644/84643933

发行部电话：010-64961894

出版社网址：http：//www.class.com.cn

如有印装差错，请与本社联系调换：010-80497374

内容简介

本书根据国家质量监督检验检疫总局《特种设备作业人员监督管理办法》（质检总局令第 70 号）和北京市质量技术监督局颁布的高空作业车操作人员考核大纲要求编写，是高空作业车作业人员安全技术培训考核用书。

本书系统介绍了高空作业车作业人员应学习掌握的安全技术理论知识。全书包括大型高空作业车的安全基础教育、高空作业机械的安全作业技术、力学基础知识、液压传动基础知识、高空作业机械的类型及参数、高空作业机械的基本构造及工作原理、常见故障及排除方法、维护与保养以及常见事故的预防。

本书可作为高空作业车操作、维修人员安全技术培训考核教材。

本书由张耀光同志担任主编，副主编为喻惠业、龚小平、张静。

限于编者的水平和经验，难免有疏漏错讹之处，恳请读者和专家提出宝贵意见。

目录

第一章　安全基础教育……………………………（1）

第一节　我国安全生产的管理……………………………（1）
第二节　高空作业机械作业具有多重危险性……………（5）
第三节　对高空作业机械作业人员实施监督管理………（7）

第二章　高空作业机械的安全作业技术………………（10）

第一节　安全作业基本要求………………………………（10）
第二节　安全操作规程的重要性…………………………（11）
第三节　高空作业机械安全操作规程……………………（12）
第四节　高空作业机械的安全注意事项…………………（14）
第五节　高处作业安全操作规程…………………………（20）

第三章　力学基础知识……………………………………（22）

第一节　力……………………………………………………（22）
第二节　力矩…………………………………………………（28）

第四章　液压传动基础知识………………………………（31）

第一节　液压传动的基本概念及原理……………………（31）
第二节　液压系统的基本元件……………………………（32）
第三节　液压系统的基本要求……………………………（43）

第五章　高空作业机械的类型及参数…………………（46）

第一节　高空作业车的类型及型号………………………（46）

第二节　高空作业平台的类型及型号……………………（48）
第三节　高空作业机械的主要参数……………………（53）

第六章　高空作业机械的基本构造及工作原理……………（54）

第一节　高空作业平台概述……………………………（54）
第二节　高空作业平台的升降机构……………………（56）
第三节　高空作业车概述………………………………（60）
第四节　高空作业车的升降与变幅机构………………（62）
第五节　高空作业车的回转机构………………………（65）
第六节　高空作业机械的机座与底盘…………………（70）
第七节　高空作业机械的支腿机构……………………（72）
第八节　高空作业机械的作业平台……………………（77）
第九节　高空作业机械的安全装置……………………（78）

第七章　常见故障及排除方法…………………………（82）

第一节　液压系统的故障分析及排除方法……………（82）
第二节　电气系统及机械部分的故障分析及排除方法……（84）
第三节　常见故障、原因及排除方法…………………（86）

第八章　维护与保养……………………………………（92）

第一节　高空作业机械的日常保养……………………（92）
第二节　高空作业机械的定期保养……………………（93）
第三节　蓄电池的维护与保养…………………………（99）
第四节　定期注油润滑…………………………………（101）

第九章　常见事故的预防………………………………（103）

附录一　高空作业机械安全规则 JB 5099—1998…………（111）

附录二　高空作业车题库………………………………（120）

第一章

安全基础教育

随着国民经济不断发展和现代化、机械化程度的不断提高，高空作业机械（包括高空作业车和高空作业平台）被广泛应用在电力、通信、交通、市政、园林、环卫、建筑、摄影、广告、机场、船厂、高速公路、地铁车站、宾馆饭店以及工矿企业等行业，进行安装、维修、保养等载人高处作业。

高空作业机械的操作，具有起重作业和高处作业的双重性，因而，存在一系列相应的安全问题。安全生产是一切生产活动的根本保证，是直接关系人民生命和财产安全的大事，也是全社会共同关注的大事。

第一节　我国安全生产的管理

一、安全生产是社会主义企业管理的一项基本原则

我国是社会主义国家，代表最广大人民群众的根本利益是党的“三个代表”重要思想的出发点和落脚点。劳动者是国家的主人，保护劳动者的安全与健康，是党的一贯方针，是政府制定企业管理的政策、制度和法规的一项基本原则。

自新中国成立以来，政府颁布实施了一系列关于安全生产的法规和条例。把安全生产列为考核企业及各级组织的硬指标。安全生产具有一票否决的重要地位。对发生安全事故的单位领导和责任者严厉查处，直至依法追究刑事责任。1956 年，国务院颁

布了《工厂安全卫生规程》和《工人职员伤亡事故报告规程》，1963年颁布了《国务院关于加强企业生产中安全工作的几项规定》，1993年国务院颁布了《关于加强安全生产工作的通知》。这一系列与安全生产直接相关的政策法规对全国各行各业的安全生产起到重要的指导作用。

随着改革开放的不断深入，某些企业和个人单纯追求经济利益，忽视安全生产，甚至置安全法规于不顾，违章生产、冒险作业，造成重大安全事故不断发生。为了进一步加强安全生产监督管理，防止和减少安全事故，保障人民生命财产安全，促进经济持续发展，于2002年11月1日颁布实施《中华人民共和国安全生产法》。再次重申"安全生产管理，坚持安全第一，预防为主的方针"。强调"生产经营单位的从业人员有依法获得安全生产保障的权利，并且应当依法履行安全生产方面的义务"。

安全是人类生存的基本条件，安全生产是劳动者的基本权利。始终把安全生产作为企业管理的一项基本原则，充分体现了党和政府对劳动者的关怀与爱护，代表了广大人民群众的根本利益，也充分体现了社会主义制度的优越性。

二、《特种设备安全监察条例》的实施

2003年3月11日国务院第373号令公布了我国特种设备安全监察的法律文件——《特种设备安全监察条例》（以下简称《条例》），于2003年6月1日起实施。《条例》的颁布是特种设备安全监察法制建设的一个新的里程碑。《条例》实施以来，对于加强特种设备的安全管理，防止和减少事故，保障人民群众生命、财产安全发挥了重要作用。

在《条例》实施6年的时间里，我国经济有了快速发展，特种设备数量迅猛增长，从2002年底到2008年底，特种设备数量从292万台增加到605万台，翻了一倍多。基于2008年4月1日开始施行的《中华人民共和国节约能源法》和2007年6月1日起施行的《生产安全事故报告和调查处理条例》两部法律、行政法规以及特种设备管理的实际情况，国务院决定对《特种设备安全监察条例》进行修改。2009 年 1 月 24 日公布了第 549 号令《国务院关于修改〈特种设备安全监察条例〉的决定》，自 2009 年 5 月 1 日起施行。

修改后的《条例》增加了节能管理、事故预防和调查处理等章节和 12 个新条款，强调了要加强节能管理，完善了与特种设备事故相关的法律责任，加大了对特种设备使用单位或者对事故发生负有责任的单位及其主要负责人的行政处罚力度。

三、特种设备的安全监督管理

特种设备是生产和生活中广泛使用的具有危险性的设备，有的在高温高压下工作，有的盛装易燃、易爆、有毒介质，有的在高空、高速下运行，一旦发生事故，会造成严重人身伤亡及重大财产损失。近年来，锅炉、压力容器、压力管道爆炸、泄漏，电梯、起重机械、客运架空索道、游乐设施坠落、倒塌，厂内机动车辆碰撞损坏等灾害性事故时有发生。特种设备的安全事关人民群众生命和财产安全，事关社会稳定，各级政府十分重视，不断探索，寻找解决办法，逐步形成了行之有效的安全监察体制，保证了正常生产秩序。

1. 安全监察的概念

安全监察用于特种设备领域是从 1963 年 5 月 28 日开始，在国务院批准劳动部《关于加强各地锅炉和受压容器安全监察机构的报告》中，将政府负责锅炉和压力容器的行政管理工作称为安全监察，并在以后的十几年中一直使用。在 1982 年 2 月 6 日国务院颁布的《锅炉压力容器安全监察暂行条例》中正式使用了安全监察概念，使其法制化。

目前，我国的安全生产监督管理实行的是综合监督管理与专项安全监察相结合的工作体制。国家安全生产监督管理总局是国务院负责安全生产监督管理的部门，承担国务院安全生产委员会办公室的日常工作，综合管理全国安全生产工作，依法行使国家安全生产综合监督管理职权，依法行使国家煤矿安全监察职权。国家对特种设备实行专项安全监察体制，《特种设备安全监察条例》所称特种设备安全监督管理部门，是指国家质量监督检验检疫总局及各级地方质量技术监督局。它区别于工业主管部门、行业组织（总会、联合会）及大企业的安全管理。安全监察活动，是为了公众安全，从国家整体利益出发，以政府的名义并利用行政权力进行的，不受部门或行业的限制。

2. 特种设备的范围

特种设备是指涉及生命安全、危险性较大的锅炉、压力容器（含气瓶）、压力管道、电梯、起重机械、客运索道、大型游乐设施、场（厂）内专用机动车辆等八种设备的总称。这些特种设备是因设备本身性能和外在因素的影响容易发生事故，且一旦发生事故将造成人身伤亡或重大财产损失的危险性设备。

起重机械分成桥式起重机、门式起重机、塔式起重机、流动式起重机、铁路起重机、门座起重机、升降机、缆索起重机、桅杆起重机、旋臂式起重机、轻小型起重设备、机械式停车设备等12个类别。

其中升降机分为曲线施工升降机、锅炉炉膛检修平台、钢索式液压提升装置、电站提滑模装置、升船机、施工升降机、简易升降机、升降作业平台和高空作业车等9个品种。

3. 特种设备的监察范围

国家对特种设备的生产（设计、制造、安装、改造、维修）、使用、检验等环节实施安全监察。

四、安全生产的基本要求

1. “安全第一，预防为主，综合治理”是我国安全生产工作的基本方针

《安全生产法》在总结我国安全生产管理经验的基础上，将“安全第一，预防为主”规定为我国安全生产工作的基本方针。“安全第一”不仅是一句口号，它必须落实到企业的一切生产经

营活动中，并且真正发挥其保障作用。

安全工作必须树立“预防为主”的思想。做到消除隐患，防患于未然，杜绝事故的发生。正如江泽民同志所说：“隐患险于明火，防范胜于救灾，责任重于泰山”。

2. 安全生产必须依靠群众

广大员工是生产经营活动的直接参与者，分布在生产经营活动的各个岗位。企业的每位员工既是安全生产的执行者，又是安全生产的责任者。因此安全生产必须紧密联系群众，使之建立在广泛的基础上，安全生产才有保证。

3. 安全生产必须持之以恒，贯彻始终

安全生产是一项经常的、长期的、艰苦细致的重要工作，必须警钟长鸣、常备不懈、持之以恒才有成效，才能保障生产经营活动长期正常进行。

4. 安全生产要注重科学

要不断地学习和研究安全科学技术知识，掌握和运用高科技手段，为安全生产保驾护航，在确保安全的条件下，促进生产的发展。

第二节　高空作业机械作业具有多重危险性

高空作业机械作业具有多重危险性，必须要有足够的认识。

一、作业性质复杂多变，潜在危险多

高空作业机械应用领域宽，作业范围广，具有作业对象繁杂和作业性质多变的特点。而这些特点，则决定了高空作业机械作业的潜在危险因素多。

高空作业机械被广泛地应用在电力、通信设施、市政、交通标志及路灯的架设施工和维护修理；园林系统的树木剪枝和造型；广告企业的灯箱、牌匾设置、喷绘和维修；机场、船厂的制造、清理和维修；工矿企业大型设备的安装、修理和喷涂作业；

地铁、火车站、候机楼的维修和保洁作业；宾馆饭店的广告牌、霓虹灯、条幅的架设、更换以及建筑物表面的维修和保洁作业等；所有需要载人登高作业的方方面面。

高空作业机械的作业涉及面广，作业对象多种多样，每种作业方式都具有各自的特点和规律，同时具有各自的危险性。即便是某特定行业的高空作业机械，在单位内部使用时，也会面对许多不同的作业对象和作业内容，同样也具有多种多样的作业危险性。

二、高空作业机械具有场（厂）内专用机动车辆驾驶的特点及危险性

高空作业机械一般都具备自驱式行走系统，具有场（厂）内专用机动车辆运行特点，所以它具备了机动车辆驾驶的各种危险性，其中包括在行驶中可能发生撞人、撞物、翻车、自燃等事故，其危险性具体表现在以下几个方面：

1. 工作装置固定在车辆底盘上，车辆长期处于重载或满载状态，使转向和制动操纵具有更大的危险性。

2. 工作装置的存在，使其驾驶视野不良（至少一个方向的视野会受到影响）。

3. 重心高，易翻车。

4. 车体高大，通过性能差。

三、具有起重机械作业的特点及危险性

高空作业机械的基本功能是将人和物举升到作业面，承载特种设备作业人员进行各种作业。它具有起重作业的性质和特点，尤其与自行式起重机有很多的相似之处。因而高空作业机械具有自行式起重机械作业的全部危险性，其中包括重物坠落、车辆倾翻以及臂架碰撞或触及高压线等危险。

此外，由于高空作业机械需要载人升空作业，所以与单纯吊物的起重作业相比，要求具有更大的安全系数，以及更周密的安全保护装置。

四、具有高处作业的特点及危险性

国家标准 GB/T 3608—2008《高处作业分级》规定：凡在坠落基准面 2 m 以上（含 2 m）有可能坠落的高处进行作业，都称为高处作业。高空作业机械的作业高度都在 2 m 以上，有的高于 30 m（最大作业高度可达 40 m），所以具有高处作业的特点及危险性，属于高处作业范畴。

第三节 对高空作业机械作业人员实施监督管理

一、特种设备作业管理规定

1. 特种设备作业人员必须依法持证上岗

2002 年 11 月 1 日施行的《中华人民共和国安全生产法》第二十三条规定："生产经营单位的特种作业人员必须按照国家有关规定，经过专门的安全作业培训，取得特种作业操作资格证书，方可上岗作业"。第八十二条规定：特种作业人员未按照规定经过专门的安全作业培训并取得特种作业操作资格证书，无证上岗作业的，责令生产经营单位限期改正；逾期未改正的，责令停业整顿，可以并处二万元以下的罚款。

2009 年 5 月 1 日施行的《特种设备安全监察条例》第三十八条规定："锅炉、压力容器、电梯、起重机械、客运索道、大型游乐设施、场（厂）内专用机动车辆的作业人员及其相关管理人员（以下统称特种设备作业人员），应当按照国家有关规定经特种设备安全监督管理部门考核合格，取得国家统一格式的特种作业人员证书，方可从事相应的作业或者管理工作。"第三十六条规定："作业人员未取得《特种设备作业人员证》上岗作业，或者用人单位未对特种设备作业人员进行安全教育和培训的，按照《特种设备安全监察条例》第八十六条规定，由特种设备安全监督管理部门责令限期改正；逾期未改正的，责令停止使用或者停产停业整顿，处 2 000 元以上 2 万元以下罚款。"

2. 特种作业人员必须依法进行专门培训和考核

1995 年 1 月 1 日施行的《中华人民共和国劳动法》第五十五条规定："从事特种作业的劳动者必须经过专门培训并取得特种作业资格。"

2009 年 5 月 1 日施行的《特种设备安全监察条例》第三十九条规定："特种设备使用单位应当对特种设备作业人员进行特种设备安全、节能教育和培训，保证特种设备作业人员具备必要的特种设备安全、节能知识。特种设备作业人员在作业中应当严格执行特种设备的操作规程和有关的安全规章制度。"

用人单位应当加强特种设备作业人员安全教育和培训，保证特种设备作业人员具备必要的特种设备安全作业知识、作业技能和及时进行知识更新。没有培训能力的，可以委托发证部门组织培训。

作业人员培训的内容按照国家质检总局制定的相关作业人员培训考核大纲等安全技术规范执行。

3. 申请《特种设备作业人员证》的人员应当符合下列条件：

(1) 年龄在 18 周岁以上；

(2) 身体健康并满足申请从事的作业种类对身体的特殊要求；

(3) 有与申请作业种类相适应的文化程度；

(4) 有与申请作业种类相适应的工作经历；

(5) 具有相应的安全技术知识与技能；

(6) 符合安全技术规范规定的其他要求。

特种作业人员的具体条件应当按照相关安全技术规范的规定执行。符合特种作业人员必须具备的基本条件。

4. 特种作业操作证的管理

(1)《特种设备作业人员证》每 2 年复审一次，持证人员应当在复审期满 3 个月前，向发证部门提出复审申请。

(2) 非法印制、伪造、涂改、倒卖、出租、出借《特种设备作业人员证》，或者使用非法印制、伪造、涂改、倒卖、出租、出借《特种设备作业人员证》的，处1 000元以下罚款；构成犯罪的，依法追究刑事责任。

（3）持证作业人员发现事故隐患或者其他不安全因素，未立即报告，造成特种设备事故的，应当吊销其《特种设备作业人员证》。

（4）持证作业人员逾期不申请复审或者复审不合格且不参加考试的，应当吊销其《特种设备作业人员证》。

二、高空作业机械的作业人员

高空作业机械作为“特种设备”的一员，设备性能和使用都有其特殊性。根据国家质量监督检验检疫总局《特种设备作业人员监督管理办法》的规定，从事高空作业机械的维修、操作人员等必须经过专业培训，使其熟悉并掌握设备的技术性能及安全操作规程，通过考核，取得地、市级以上特种设备安全监察机构颁发的特种设备作业人员资格证书后，方可从事相应工作。使用单位应当对作业人员进行阶段性安全教育和培训，使其不断掌握更多的安全知识，对其所操作的高空作业机械性能有更深的了解。

第二章

高空作业机械的安全作业技术

第一节　安全作业基本要求

一、对作业环境的基本要求

1. 正常工作环境温度：－25～40℃。

2. 正常工作海拔高度：≤1 000 m。

3. 正常工作风力：≤12.5 m/s。风力级别见表 2—1。

表 2—1　　风力级别参考表

风力		风速（m/s）	现象
0	无风	≤0.3	烟一直向上
1	轻风	0.3～1.4	看烟可知风向，风向标不转
2	轻微风	1.5～3.0	树叶摇动，人的面部能感觉到风
3	微风	3.3～5.3	树叶和小树摇动
4	弱风	5.5～7.8	尘土和纸张被吹起，旗杆摇动
5	强弱风	8.0～10.5	水面上有小波浪
6	强风	10.8～13.6	旗杆弯曲，打伞行走困难
7	强风	13.8～16.9	树晃动，迎风行走困难
8	暴风	17.2～20.5	树枝断裂，在开阔地行走困难
9	暴风	20.8～24.4	对建筑物有小的损害
10	大暴风	89～102	对建筑物有较大损坏，树连根拔起

4. 正常工作电压偏差：≤±10％额定电压。

5. 夜间正常工作照度：$\geqslant$150 lx。

6. 正常工作工作区地面：应坚实平整，坡度$\leqslant 5^{\circ}$。

7. 正常工作工作区：无易燃易爆气体，无强磁场或放射性物质。

二、对设备的基本要求

1. 各部件完好无损。

2. 整机处于良好技术状态。

3. 移位后，作业前检查符合规定要求。

4. 电气系统绝缘良好。

第二节　安全操作规程的重要性

一、安全操作规程的概念

安全操作规程是为了保证操作安全，防止发生事故所制定的操作规定、规范、程序和要求。安全操作规程是血的教训的总结，是生产实践的结晶，是科学规律的体现。安全操作规程是行业管理的法规，具有严肃性、约束性和强制性的特征，是现代企业管理的重要手段和措施。

高空作业机械属于特种设备作业。作业人员既是安全操作规程的执行者，也是确保安全作业的责任者。因此，每个高空作业机械的作业人员都必须严格执行高空作业机械的安全操作规程。

二、执行安全操作规程的重要性

高空作业机械的安全操作规程是专门为高空作业机械作业人员制定的作业准则，是预防伤害事故、确保安全生产的基本保证措施。严格执行安全操作规程，可以有效地保证操作者的技术要领正确可靠，设备经常处于良好的技术状态，环境满足作业要求，消除事故隐患，规避事故风险和意外伤害的发生，保证企业生产有序进行，使人民生命财产安全得到保障。

三、违反安全操作规程的危害性

违反安全操作规程，就违反了生产作业中的客观规律，将不可避免重蹈事故覆辙，甚至还有可能造成人员伤亡事故，给本人或他人以及家庭造成无法挽回的损失。

事故统计表明：每起事故的发生都有其特定的具体原因，但是归纳其根本原因只有四点：

1. 人的不安全行为

操作者缺乏安全意识，违反规程，操作失误等。

2. 物的不安全状态

安全防护、安全装置不全或失灵；机械设备、设施、工具、附件等有缺陷；个人防护用品用具（包括安全帽、安全带、安全鞋、手套及防护服等）缺乏或有缺陷。

3. 环境的不利因素

施工现场照明光线不足，视线不畅；通风不良、粉尘飞扬、作业场所狭窄、杂乱、施工现场道路不通畅、材料工器具乱堆乱放，杂乱无序；噪声刺耳。

4. 管理上的缺陷

对职工没有进行三级安全教育就上岗作业；没有对操作者进行各项安全技术交底；没有落实各项安全生产责任制；安全技术措施经费投入少；安全生产检查流于形式，对检查出的事故隐患没有按“定人、定措施、定时间”进行整改，对发生事故没有按“四不放过”原则（事故原因未查清不放过、事故责任人员未受到处理不放过、事故责任人员和广大群众没有受到教育不放过、没有制定切实可行的整改措施不放过）进行处理等。

第三节 高空作业机械安全操作规程

由于自行式高空作业机械具有机动车辆的性质，所以自行式高空作业机械必须遵守厂内道路交通管理规定、厂内机动车辆驾驶安全操作规程，同时高空作业机械作业是在高空作业机械平台上载人、载物升降作业，具有起重机械作业和高处作业的性质，所以高空作业机械作业必须遵守起重机械作业安全操作规程和高处作业安全操作规程。

一、厂内道路交通管理的基本规定

1. 遵守厂内道路交通安全标志的规定。

2. 各种车辆一律靠道路右侧行驶和停放（有禁止停车标志处除外）。

3. 同方向行驶的车辆，应保持必要的行车安全距离。

4. 在设备管线侧面行驶的车辆，应保持必要的横向安全距离。横向安全距离不得小于0.5 m。

5. 经过有限重标志的路段时，应严格遵守限重要求。

6. 按限速规定，严格控制车速，严禁超速行驶。

7. 遇坡道或转弯时，应减速慢行，注意避让其他车辆和行人。

8. 在厂房、库房和其他建筑物出入口以及交叉路口附近20 m以内禁止停放车辆。

9. 会车时应遵守会车原则，让应优先通过的车辆先行。

二、厂内机动车辆驾驶的安全操作规程

1. 严格遵守厂内道路交通管理规定，服从安全管理人员的指挥、检查，自觉维护交通秩序，确保人民生命财产的安全。

2. 驾驶车辆时，必须携带操作证。不准将车辆交给没有操作证的人员驾驶，不准驾驶与操作证准驾车种不相符的车辆。

3. 不准驾驶安全设备不全或机件失灵的车辆。

4. 不准驾驶不符合装载规定的车辆。

5. 严禁酒后驾车。患有疾病或过度疲劳，有碍行车安全时，不准驾驶车辆。

6. 不准穿拖鞋驾驶车辆，着装要符合安全要求。

7. 行车时，驾驶室不准超员；车辆其他部位不准乘坐人员。

8. 行车时，驾驶员不准吸烟、与他人交谈或打手机等，做一些有碍行车安全的行为。

9. 行车时，要礼让三先（即先慢、先让、先停）。

10. 车门、车厢未关好时，不准行车。

11. 严禁将厂内号牌车辆驶出厂外。

第四节　高空作业机械的安全注意事项

一、一般安全注意事项

1. 驾驶高空作业车前，操作者应接受专业培训，经质量技术监督局考核合格，取得《特种设备作业人员证》后，方可上岗作业。

2. 掌握高空作业车驾驶作业操作及安全知识。

3. 进行高空作业时应听从作业负责人的指挥。

4. 应戴安全帽，穿作业工作服。

5. 应注意周围环境，遵守作业现场的交通规则。

6. 切实注意作业范围内的输电线，特别是高压线，应与其保持一定安全距离，以免发生触电事故。

7. 进行作业前应详细检查高空作业机械的结构、机构、电气、液压控制系统以及安全保护装置等。

8. 注意天气变化，大风、大雨及雷雨天气时应停止作业。

9. 注意路面状态、支腿扩张状态、轮胎状态以及作业平台的水平状态，使作业机械有良好的稳定性。

10. 作业平台内的作业人员应系好安全带并将安全带挂在作业平台的挂钩上，以防坠落；操作时，应将两脚踏稳在作业平台地板上，保持稳定的姿势。

二、作业前的检查

1. 经培训并通读使用说明书及安全规则，做好检查的准备工作。

2. 检查高空作业机械上标示的所有图表、警告内容完整性。

3. 在使用高空作业机械之前，要检查工作场地是否存在危险。例如：壕沟、陡坡、洞穴、碎石、空中障碍、高压导线，以及其他可能引起危险的地方。

4. 应按生产厂的说明书使用支腿或稳定器

（1）在调平过程中必须平稳可靠，不得出现振颤、冲击、打滑、卡死等现象。

（2）必须保证平台在任一工作位置均处于水平状态，平台台面与水平面的夹角不得超过1.5°。

5. 金属结构

（1）金属结构焊缝的外部不允许有烧穿、咬边、夹渣、焊瘤等。焊缝的纵向、横向及母体金属上不允许有裂纹，连续焊缝不能间断，鳞状波纹形成应均匀，最大高低差不应大于2 mm。

（2）铆钉连接和螺栓连接应符合图样要求。采用高强度螺栓连接的结构，连接表面应清除灰尘、油漆、油迹和锈蚀，连接螺栓必须采用力矩扳手或专用工具，按设计技术要求拧紧。

（3）结构报废

1）主要结构件的腐蚀、磨损达到原尺寸的10%以上时，应予报废。

2）主要受力构件产生永久变形而又不能修复时，应予报废。

3）主要受力构件如臂架、支腿等整体失稳后不得修复，必须报废。

4）结构件及其焊缝发生裂纹，应分析产生的原因，可采取加强或重新施焊的措施阻止裂纹发展，并达到原设计要求时才能使用，否则应予报废。

6. 链条与钢丝绳的检查

（1）链传动的链板、套筒、滚子不应有疲劳断裂、点蚀、胶合、脱落、拉断。当链条与链轮啮合时，链节与轮齿接触时不应产生冲击。

（2）钢丝绳出现磨损、断丝、变形超标等严重缺陷时应报废更换。

1）交互捻钢丝绳在一个节距内断丝数达到总丝数的10%（同向捻5%），如断丝局部聚集速率增大，断丝数未达标也应提前报废。

2）钢丝绳直径相对于公称直径减少7%时，即使未发现断丝也应报废。

3）钢丝绳外层钢丝磨损量达到钢丝直径的40%时报废。

4）钢丝绳的外观出现下列变形之一时报废：

①笼状畸形；②绳股挤出；③绳芯挤出；④扭结；⑤绳径局部减小或增大；⑥部分压扁；⑦由于过火或电弧引起的损坏；⑧死弯。钢丝绳或链条承受额定载荷时，按抗拉强度计算，钢丝绳或链条的安全系数不得小于8。

7. 液压系统

（1）检查液压系统的渗漏、液压油量，是否符合规定值。

（2）检查液压系统的防止过载和冲击的装置，安全溢流阀的调定压力不得大于系统额定工作压力的110%，系统的额定工作压力不得大于液压泵的额定压力。

（3）检查液压系统中设置的防止液压缸和工作机构，因自重引起下滑或因管路破裂、泄漏而导致超速下降坠毁的装置。

（4）检查液压驱动的支腿或稳定器。在液压回路出现故障时，防止其缩回的装置。

（5）检查以液压传动方式操作的高空作业机械，在系统上是否配有相应的保护措施，以防止当液压系统出现故障时高空作业机械失去控制。

8. 电气系统

控制柜内各元器件应整洁、接线整齐，线号齐全清晰，各仪表指示（显示）正确，各接线应紧固。

9. 安全保护装置

（1）检查运动零部件伤害人体的安全防护装置是否齐全。

（2）检查并调整底盘至水平的指示装置。

（3）检查高空作业机械的防倾翻报警装置，当底盘在任何方向上与水平面的夹角大于3°时，该装置将自动报警。

（4）检查带有支腿、稳定器和伸缩轴的高空作业机械的下车与上车工作装置的互锁或锁定装置。

（5）检查高空作业机械上车各动作的终点位置的限位装置。

（6）检查高空作业机械的紧急停止装置，在误操作情况下，该装置可有效切断所有动力系统。

（7）检查高空作业机械主动力失效时的辅助下落装置。

（8）检查单独依靠起升钢丝绳或链传动实现平台升降的断绳、断链保护装置。

（9）检查作业高度在20 m以上的高空作业机械的超载保护装置。

10. 操纵系统

（1）检查作业高度在20 m以上的高空作业机械的对讲设备。

（2）检查高空作业机械操纵装置是否操作方便、灵活、准确可靠，指示牌或标记是否清晰完整。

（3）检查控制手柄的操作方向是否与控制的功能运动方向一致，当松开控制手柄时，是否自动回到“停”位或中间位置，而且不能因振动等原因离位。

（4）检查作业高度大于16 m的高空作业车的上、下两套控制装置的防止误动作功能，查看下控制装置所具有的上控制装置的功能是否能超越上控制装置，在出现故障时，能及时地在地面进行控制。

11. 发动机启动前应确认

（1）发动机的冷却水、燃油、机油是否足够。

（2）各操作装置的手柄和开关是否处于中位或断开位置。

12. 发动机启动后应检查

（1）各仪表指示是否正常，发动机运转是否正常，有无敲击声。

（2）释放回转锁，首先进行下部装置的操作，然后再进行上部装置的操作。通过操作各控制系统检查各动作，以确保能完成各种动作。

（3）进行力矩限制器作业前的预检。

13. 开始作业前，应在作业车的前后竖立“禁止入内”的标示警告牌，以防止过路行人及车辆进入作业范围而发生事故。

14. 作业平台上的作业人员，一定要将作业平台门锁好。戴好安全帽，系好安全带，并将安全带一端牢固地挂在作业平台钩上，以防高空坠落。

15. 保持作业平台内清洁，作业前应确认无油脂、油污。

所有安全注意事项均仔细检查，并确认一切危及安全的因素全部消除后，才可以正式使用。

三、操作过程中

1. 高空作业机械只能在遵守生产厂的使用说明书及安全规则的情况下使用。

2. 在每次工作时，操作者应做到以下几点：

（1）检查空中障碍及高压线，根据现行规定及标准，应自始至终使工作平台与带电高压线保持安全距离，不得越过。

（2）平台上的人员均应正确系好安全带。

（3）对允许在行驶状态下进行作业的高空作业机械，在伸臂状态下长距离行走时，一定要锁紧回转机构。在行驶前和行驶中，操作者应做到：注意车辆的前进方向及周围情况，注视行驶路线并保持良好视野，要与障碍物保持一定距离；车辆后退时，一定要安排由一人统一指挥，并且要确保行驶的路面坚实、平整。

（4）不允许超出使用说明书及安全规则进行驾驶。

（5）在工作过程中，动作要缓慢、准确，避免发生危险。平台上的工作人员应始终将两脚牢固地踏在作业平台地板上，以稳定的姿势进行作业，并保持始终有一个稳定的立脚点。作业人员不准从作业平台上跨越靠近的建筑物或攀爬树木。

(6) 当作业平台内有作业人员时，在作业车下部操作装置进行操作时，一定要与作业平台内的人员取得联系，保证操作安全。

(7) 作业平台内的作业人员，要将东西放置好，不要将东西掉落到地面。

(8) 在作业过程中，不要对作业平台进行水平调整。出现任何故障或误动作时应立即排除，待故障排除后方可继续使用。

(9) 禁止变更、修改或废弃安全装置。

(10) 当平台进行上升、下降或移动时要注意防止钢丝绳、电线、软管等缠绕。

(11) 不允许在发动机运转的情况下添加燃油，添加燃油时不得溅出。

(12) 不允许在工作状态下添加液压油。

(13) 注意天气变化。如果发生强风（风速 10 m/s 以上）、大雨、雷电等，应停止室外作业。

(14) 当液压油温超过 70℃时，应停止作业。

(15) 当发动机水温达到 95℃以上时，应停止作业。

(16) 当机油压力下降至 147.1 kPa（1.5 kg/cm^2）以下时，应停止作业。

(17) 当发动机发生异常响声（敲击声）时，应停止作业。

(18) 停止作业后离开作业车时，一定要切断蓄电池开关。

四、作业结束后的安全注意事项

1. 作业结束应将作业平台内的工具全部卸下来。

2. 将悬臂完全缩回，将高空作业机械恢复至行走状态。

3. 锁紧回转锁。

4. 收存支腿。收存支腿后，一定要插入支腿固定销和转向固定销加以固定。

5. 将车辆驶到停车场或规定场所。

6. 将作业平台下降到稍微离开地面的位置后停下发动机。

7. 断开蓄电池开关，切断电源。

8. 清洁车辆，特别是清洁作业平台内的油污积水，以利于下次作业安全。

9. 对作业过程中发生的异常情况进行检查或维修。

10. 电池充电只能在通风良好且无烟雾、无明火的场所进行。

第五节　高处作业安全操作规程

1. 高处作业人员必须经登高作业培训、考核，持特种作业操作证上岗操作。

2. 高处作业人员每年须进行一次体格检查。凡患有高血压、心脏病、癫痫、恐高症或视力不良、肢体残缺及患有肢体行动障碍的人员不得从事高处作业。

3. 高处作业时，必须戴好安全帽，系好安全带，穿紧口防护服和防滑鞋。

4. 高处作业时，必须设置安全监护及技术保障人员。

5. 在高处作业区域的地面上，应设置安全警戒线或安全围栏。

6. 在高处作业中，发现危及人身或设备安全的隐患时，应立即停止工作。

7. 在设备运行中，高处作业人员应密切注意观察运行范围内有无障碍物。

8. 听到任何人的紧急呼叫，都必须立即停止工作。

9. 载人升降平台的底板应具备防滑功能；在平台周围必须设置防护栏杆。

10. 高处作业人员应严禁以下事项

（1）在操作平台中超员作业；

（2）从防护栏上爬进、爬出操作平台；

（3）在操作平台内猛烈晃动或做其他危险动作：

（4）在操作平台内用梯子或其他装置攀爬更高位置；

（5）携带迎风面积过大的物品升空作业；

（6）在操作平台内向外抛撒任何物品。

第三章

力学基础知识

本章主要介绍与高空作业机械作业安全相关的力学基础知识。

第一节　力

“力”在自然界中无处不在。如风力、水力等，都与人类生存息息相关，同时，“力”在生活中也随处可见。搬运物品、开关门窗、走路跑步、上下楼梯等，都离不开力。即使人站在原地不动，也至少受到重力（即地球引力）和地面支撑力的作用。同样，任何作业过程也都离不开力。高空作业平台的上升或下降是力的作用结果，自行式高空作业车靠自身动力实现行走，拖式高空作业平台则靠人力或其他设备提供的牵引力实现水平移动。

一、力是物体之间相互作用的物理量

力发生在两个物体之间，而且是相互作用的。有受力物体，就必然存在施力物体。这两者形象地反映了力的存在本质。

1. 力能改变物体的运动状态

若对停在地面的高空作业平台施加一个足够大的拖动力，高空作业平台便从静止状态改变为沿地面水平移动的状态。

一个由高空坠落到地面的物体，由高速坠落的加速运动状态改变为静止状态，是由于地面对物体施加了支撑力的结果。

这种使物体运动状态发生改变的效应称为力的外效应。

2. 力能使物体发生变形

铁锤砸在烧红的铁块上，会使铁块产生明显的变形。砸在冷铁块上，也会使铁块产生变形，只是变形程度较小，肉眼观察不到。

跳水时，运动员在跳板上起跳的一瞬间，跳板在力的作用下发生的变形也比较大。

作业人员站在高空作业车的操作平台上，会使平台发生轻微变形；当作业平台满载时，变形就较明显；当其超载时，或超过一定程度，还会发生永久性变形或断裂破坏。

这种使物体产生变形的效应称为力的内效应。

二、力的特征

1. 力的三要素

力是矢量（有方向的量）。它的三要素，即大小、方向和作用点。

力的法定计量单位是牛顿，用字母 N 表示。

力的工程制计量单位（现已废除）是：公斤力，用字母 kgf 表示。二者之间的换算关系为：

1 kgf＝9.81 N≈10 N

1 N≈0.1 kgf

为了方便而形象地表示一个力，在工程上常用一段具有一定比例的带箭头的线段来表示力。其长度表示力的大小，箭头表示力的方向，端点表示力的作用点（见图 3—1）。

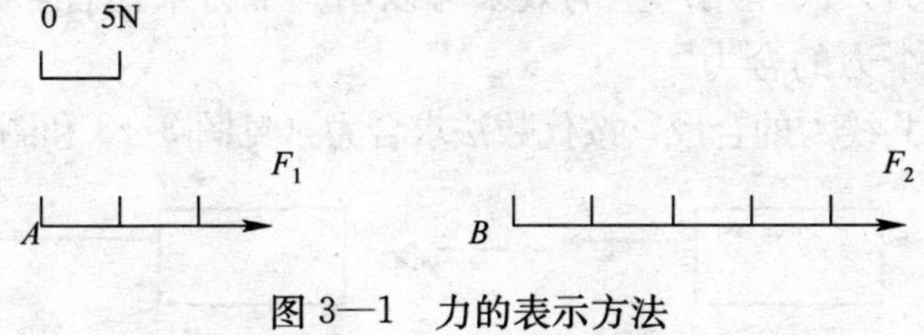

图 3—1 力的表示方法

图 3—1 表示：力 F_1大小为 15 N，方向为水平向右，作用于 A 点；

力 F_2大小为 25 N，方向为水平向右，作用于 B 点。

只要改变力的三要素中的任一要素，力的作用效果就会发生改变。如图 3—2 所示。

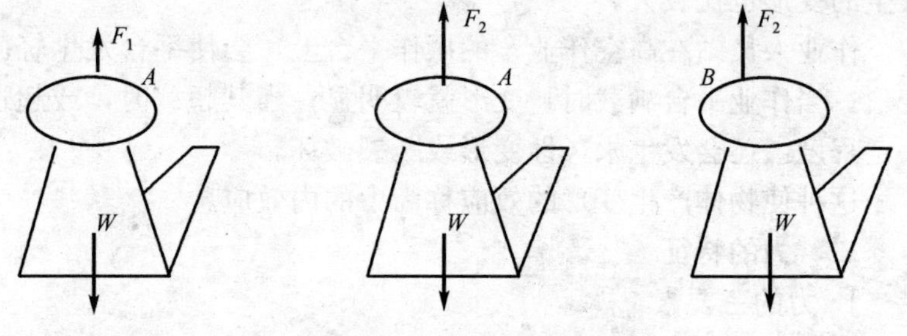

图 3—2　力的作用效果

其中：当作用于 A 点的力 F_1 小于壶的重力 W 时，水壶静止不动；

当作用于 A 点的力 F_2 大于壶的重力 W，并且与 W 共线时，水壶被竖直提起；

当作用于 B 点的力 F_2 大于壶的重力 W，但是与 W 不共线时，水壶被提起并倾斜。

2. 力的合成与分解

由于力是矢量，所以力的合成与分解遵循矢量的加减法则。

几个力共同作用产生的效果可以用一个力来代替，这个力就叫做那几个力的合力。

(1) 共线力的合成，按代数法求合力（见图 3—3 和图 3—4）。

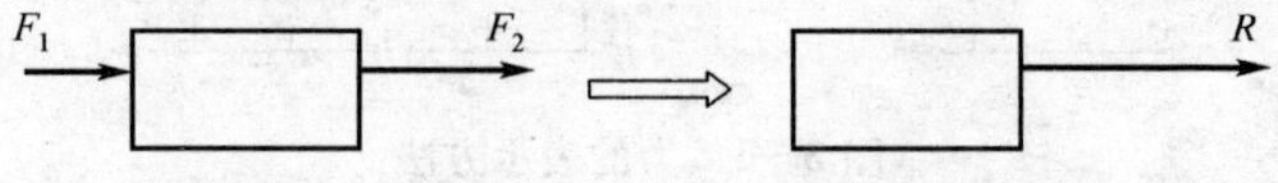

图 3—3　共线力的合成（方向相同）

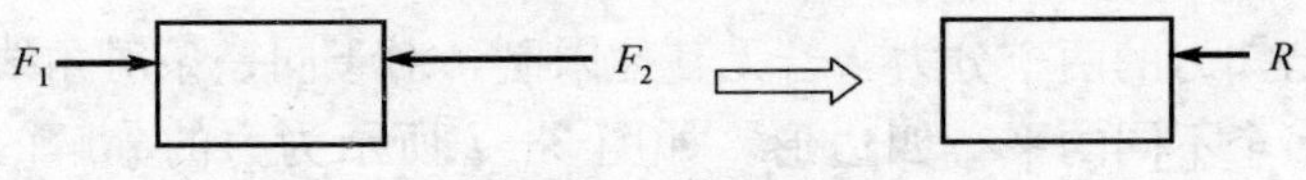

图 3—4　共线力的合成（方向相反）

F_1 与 F_2 作用于同一直线上，且方向相同，则其合力 $R=F_1+F_2$。

F_1 与 F_2 作用于同一直线上，但方向相反。若以 F_1 的方向为正，则 F_2 方向为负，其合力 $R=F_1+(-F_2)=F_1-F_2$。由于 $F_1<F_2$，所以合力 R 为负值，其方向与 F_2 相同。

（2）两共点不共线力的合成，按几何法求合力。

几何法求合力遵守平行四边形法则，即以两共点不共线力互为邻边，所形成的平行四边形的对角线即为该二力的合力。如图 3—5 所示。作用于 A 点的二力 F_1 和 F_2 的合力为 R。

（3）多共点不共线力的合成，需分步逐力进行合成，如图 3—6 所示。

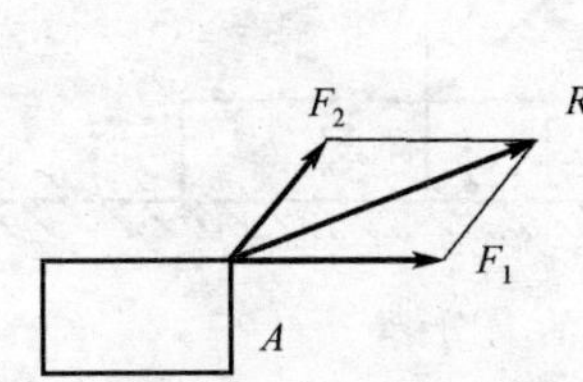

图 3—5　力的合成

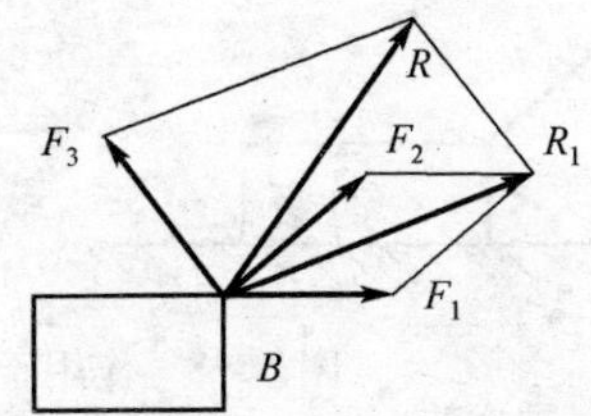

图 3—6　多共点不共线力的合成

应先求出 F_1 和 F_2 的合力 R_1，再求出 R_1 和 F_3 的合力 R，则作用于 B 点的三力 F_1、F_2 和 F_3 的合力为 R。

（4）力的分解

一个力也可以分解成多个力，即力的分解是力的合成的逆运算。

力的分解依然遵守平行四边形法则，把一个已知力作为平行四边形的对角线，那么与已知力共点的平行四边形的两条邻边就表示已知力的两个分力。若无其他限制，对于同一条对角线，有无穷多个不同的平行四边形。如图 3—7 所示为力的分解的几种情况。

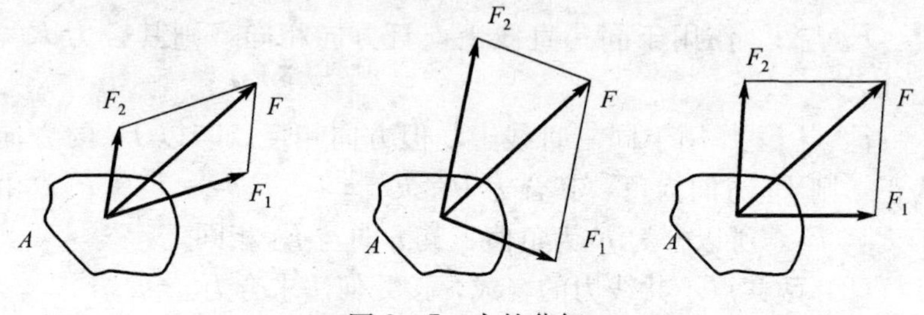

图 3—7　力的分解

如图 3—8 所示，将作用于物体上的力 F 分解为水平力 Fx 和垂直力 F_Y 两个分力。其中 Fx 是力 F 推动物体作水平运动的分力；Fy 是力 F 加在物体上的正压分力。

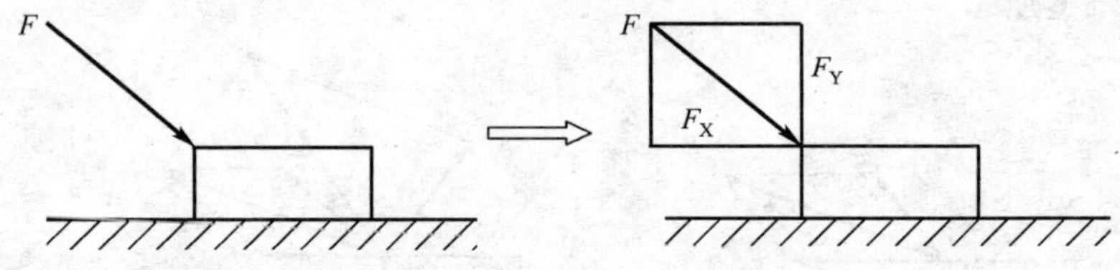

图 3—8　作用于物体上力的 F 分解

3. 力的平衡

物体相对于地球处于静止或匀速直线运动的状态称为平衡状态。物体平衡的条件是作用在物体上的所有力的合力为零，而且合力矩也为零。如图 3—9 所示。

AB 杆两端分别受到拉力 F_1 和 F_2 的作用，若要使 AB 杆处于平衡状态，必须使 F_1 和 F_2 二力的大小相等、方向相反、且作用在同一条直线上（即合力为零），否则，AB 杆会向力较大的方向运动。

重物 C 同时受到钢丝绳向上的拉力 T 和重力 G 的作用。这

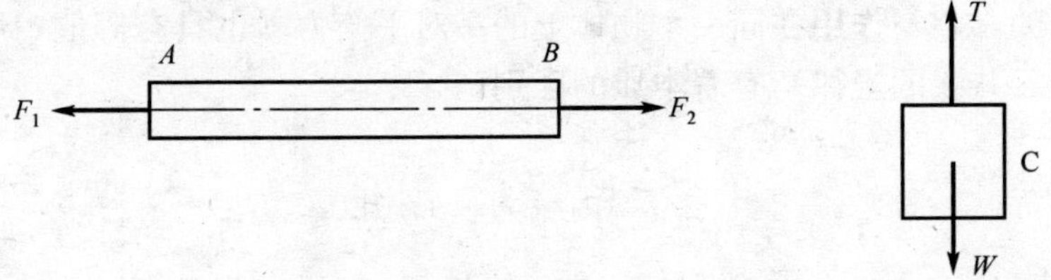

图 3—9　力的平衡

两个力方向相反，作用在同一条直线上。当 $T>G$ 时，重物 C 加速上升：当 $T<G$ 时，重物 C 加速下降。若要使重物 C 处于平衡状态（即静止或匀速上升、下降），应使 $T=G$。

从上述两例可以得出的结论是：受到二力作用的物体处于平衡状态的条件是：这二力大小相等、方向相反、作用线相同（简称等值、反向、共线），即二力平衡条件。

4. 作用力和反作用力定律

两个物体间的作用力和反作用力，总是大小相等、方向相反、作用在同一条直线上，且分别作用在两个物体上，称为作用力和反作用力定律。这是力学的一条基本定律。如图 3—10 所示。

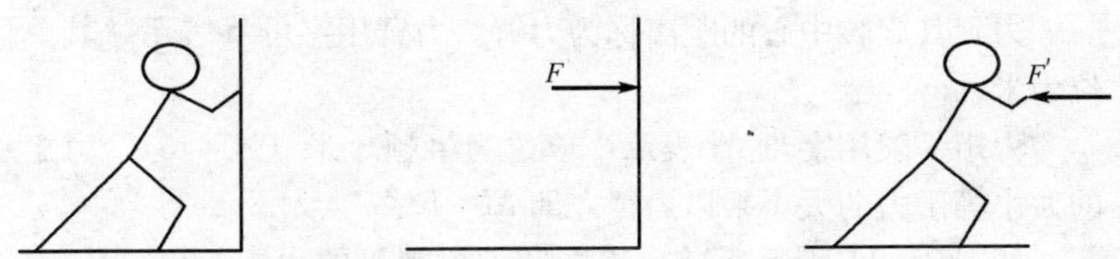

图 3—10　作用力和反作用力

当人用力推墙时，手对墙有推力 F，同时手也会感觉到墙的阻挡力 F'。这个阻挡力 F' 就是墙对手的反作用力。当推力 F 增大时，反作用力 F' 也同时增大。即 F 与 F' 是一对作用力和反作用力。但是必须注意，作用力和反作用力是分别作用在两个物体上的，它与作用在同一个物体上的一对平衡力（也具有等值、反向、共线的规律）有着本质的区别。

第二节　力　　矩

在一般情况下，力对物体的作用可以产生移动和转动两种外效应。衡量力的移动效应取决于力的大小和方向；衡量力的转动效应则取决于力矩。

一、力矩是使物体转动的物理量

力矩能够改变物体的旋转状态。例如，用扳手拧紧或松开螺母时，扳手使螺母由静止变为旋转运动状态，是力矩作用的结果。在高速旋转的电动机上施加一个制动力矩，可以降低电动机的旋转速度。如果制动力矩足够大时，可使电动机停止旋转运动而变为静止状态，这也是力矩作用的效果。

二、力矩的特征

力矩也是矢量。力矩的大小（即力矩产生旋转作用的大小）不仅与作用力的大小有关，而且与作用力到其旋转中心的距离有关。

力到其旋转中心的距离称为力臂。力臂用字母 h 表示，其单位为米（m）。

力矩一般用字母 M 表示，单位为牛顿·米（N·m）。力矩的大小等于力的大小乘以力臂，即 $M=F\times h$。

如图 3—11 所示：M 代表能够拧松螺母的力矩；F_1、F_2 和 F_3 分别代表作用在扳手上的三个大小、方向和作用点各不相同的力；h_1、h_2 和 h_3 分别代表力 F_1、F_2 和 F_3 所对应的力臂。

若要拧松该螺母，必须满足以下条件：

$F_1\times h_1=M$ 或

$F_2\times h_2=M$ 或

$F_3\times h_3=M$

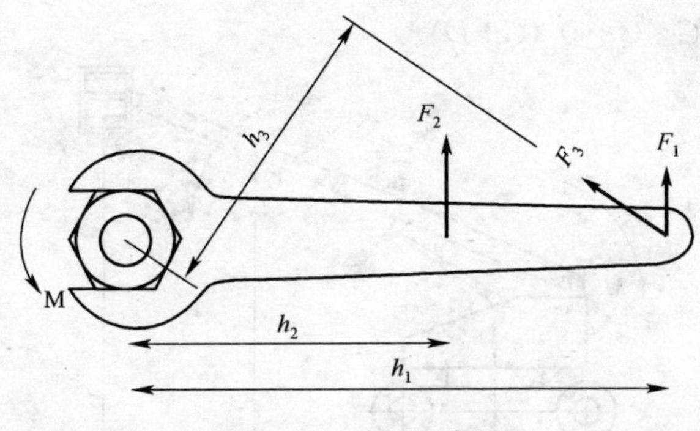

图 3—11　力矩示意图

结论：

1. 力矩的大小与力的大小成正比。

2. 力矩的大小与力臂的大小成正比。

3. 当力矩的大小不变时，力的大小与力臂成反比。

三、高空作业车的整车稳定性与力矩的关系

保持车辆不发生倾翻的性质称为整车稳定性。整车稳定性取决于其稳定力矩 M 与其倾翻力矩 M' 的比较。

稳定力矩 M 是使车辆保持稳定的所有力矩之和。

倾翻力矩 M' 是使车辆倾翻的所有力矩之和。

高空作业车的作业状态如图 3—12 所示。

W—— 车身质量；

Q——平台重量＋载质量；

G——臂架质量；

A——W 的力臂；

C——G 的力臂；

$C+D$——Q 的力臂；

M——稳定力矩；

M'——倾翻力矩；

$M=W\times A$；

$M' = G \times C + Q\ (C + D)$。

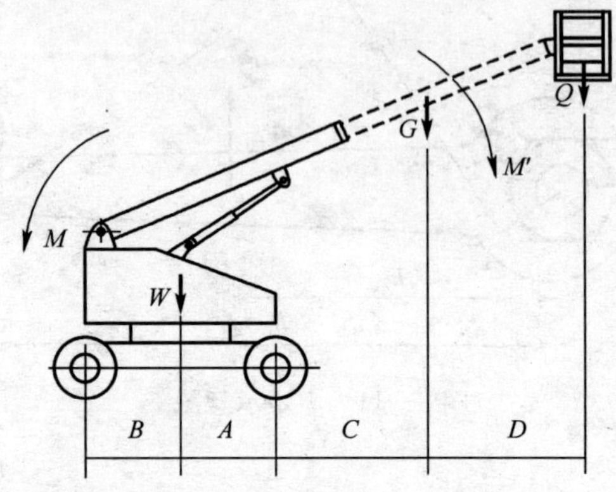

图 3—12 高空作业车的作业状态

当 $M > M'$ 时，车辆稳定，不会发生倾翻；当 $M < M'$ 时，车辆不稳定，必发生倾翻；当 $M = M'$ 时，车辆处于临界稳定状态，稍有扰动就可能发生倾翻。

第四章

液压传动基础知识

与其他传动形式相比，液压传动具有传递相同功率的结构更紧凑、体积小，传动平稳，元件布置方便灵活，便于大范围实现无级变速和频繁换向操作等诸多优点，因而被广泛应用于在各类高空作业机械上。本章主要介绍与高空作业机械相关的液压传动方面的基础知识。

第一节　液压传动的基本概念及原理

一、液压传动的基本概念

用液体（一般用矿物油或水）作为工作介质，以压力能传递运动和动力的传动形式称为液压传动。

二、液压传动的基本原理

液压传动所依据的原理是静压传递的帕斯卡原理。帕斯卡原理的内容是：

在封闭的容器内，液体的压强（即作用在单位面积上的压力，在工程中简称压力）处处相等。

在实际应用中，小到修车用的液压千斤顶，大到万吨水压机都运用了液压传动的基本原理。

液压传动的基本原理如图 4—1 所示。

其中：

A_1——小活塞面积；

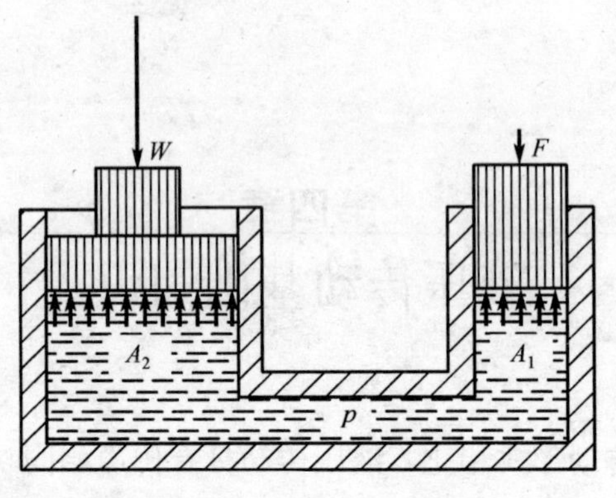

图 4—1 液压传动的基本原理

A_2——大活塞面积；

P——液体的压力（即压强）；

F——施加在小活塞上的力；

W——大活塞上所获得的力。

根据帕斯卡原理，作用在大、小活塞上的液体压力是相同的；另外根据二力平衡条件，则有以下关系：

$F=A_1\times p$，则 $p=F/A_1$；

$W=A_2\times p$，则 $p=W/A_2$；

因为 $p=F/A_1=W/A_2$

所以 $W=F\times A_2/A_1$

显然，只要 A_2/A_1 足够大，既使 F 较小，也可使得 W 值较大。

第二节 液压系统的基本元件

任何一个液压系统，无论复杂或简单，都是由四类基本元件组成的，即动力元件、执行元件、控制元件和辅助元件。

一、动力元件

在液压系统中，将机械能转化为液压能的元件称为动力元件。

液压泵（在以矿物油为介质的液压系统中称为油泵）是动力元件。

按结构不同，液压泵分为：齿轮泵、柱塞泵、叶片泵和螺杆泵等。高空作业机械通常采用中、高压齿轮泵或柱塞泵，其输出压力为 14～32 MPa。

按液体流动方向是否改变，液压泵分为单向泵和双向泵。单向泵的进、出油口固定不变，液体始终由进油口吸入，从出油口压出；双向泵的进、出油口不固定，通过改变泵轴的转向，可改变泵的进、出油的方向。

按输出流量能否调节，液压泵分为定量泵和变量泵。在泵的转速不变的条件下，定量泵的流量是固定的，而变量泵的流量是可变的。

其职能符号如图 4—2 所示。

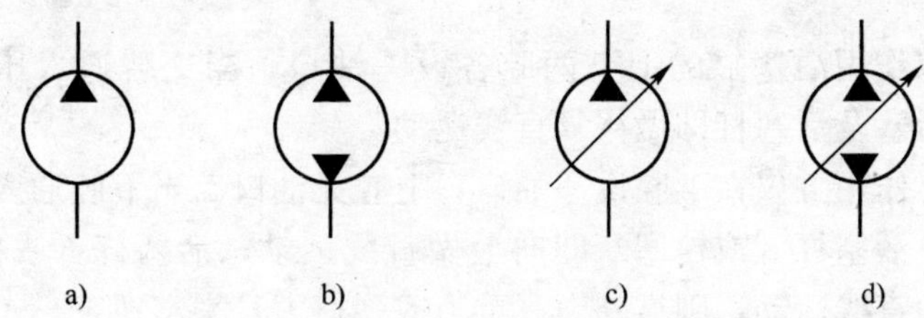

图 4—2　液压泵职能符号

a）单向定量泵　b）双向定量泵　c）单向变量泵　d）双向变量泵

二、执行元件

在液压系统中，将液压能转化为机械能的元件称为执行元件，分为液压缸和液压马达。

1. 液压缸

液压缸（或油缸）是将液压能转化为直线运动的执行元件。

按结构不同，液压缸分为活塞缸和柱塞缸。

按作用方式不同，液压缸分为单作用缸和双作用缸。

活塞仅单向运动，由外力使活塞反向运动的为单杆单作用活塞缸。

柱塞仅单向运动，由外力使柱塞反向运动的为单作用柱塞缸。

单杆双作用活塞缸：活塞双向运动，活塞在行程终了时不减速。

其职能符号如图 4—3 所示。

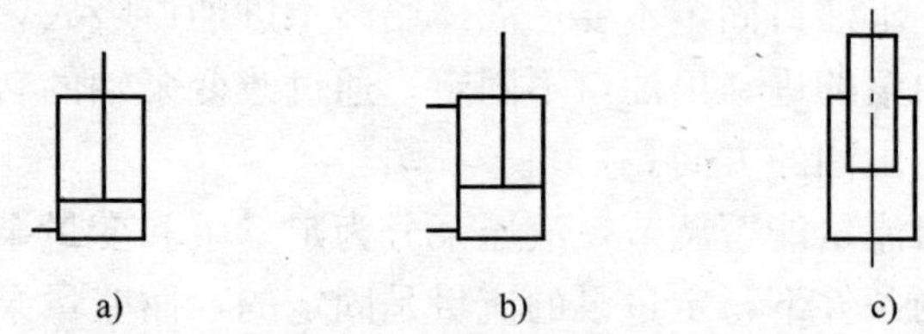

图 4—3　液压缸职能符号

a）单杆单作用活塞缸　b）单杠双作用活塞缸　c）单作用柱塞缸

双作用活塞缸的上下两腔各设一油口。当交替通入压力油时，活塞及活塞杆即做往复直线运动。

单作用缸仅在下腔设一油口，上腔无油口。当下腔通入压力油时，活塞杆（或柱塞）即向上做直线运动；活塞杆（或柱塞）向下的直线运动，则靠外力（重力或弹簧力）来实现。

2. 液压马达

液压马达是将液压能转化为转动的执行元件。

与液压泵相似，液压马达按结构不同分为齿轮马达、柱塞马达、叶片马达和摆线马达等。

按转向或转速是否可变，液压马达分为单向定量马达、双向定量马达、单向变量马达和双向变量马达四种类型。其职能符号如图 4—4 所示。

三、控制元件

在液压系统中，控制液体压力、流量或方向的元件称为控制

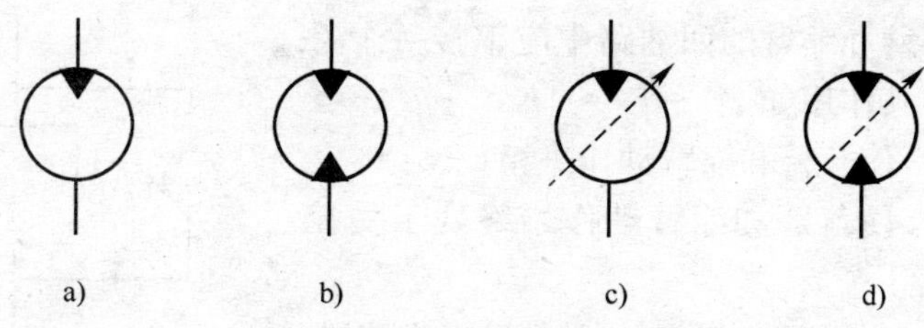

图 4—4 液压马达职能符号

a）单向定量马达 b）双向定量马达 c）单向变量马达 d）双向变量马达

元件。

各类液压阀都属于控制元件。按其作用不同，控制元件分为压力控制元件、流量控制元件和方向控制元件三类。

1. 压力控制元件

在液压系统中，控制系统或局部压力的元件称为压力控制元件。如溢流阀、平衡阀、减压阀等。

(1) 溢流阀

用于限定主油路或分支油路最大工作压力。其职能符号如图 4—5 所示。

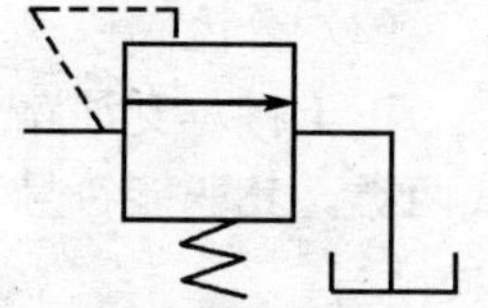
图 4—5 溢流阀

当所控制油路的工作压力高于溢流阀调定压力时，阀体开始溢流，使压力下降：当压力下降至调定压力时，阀体关闭停止溢流，使所控制油路的工作压力保持调定压力值。

溢流阀用于分支油路时，其作用是调定支路最大工作压力。

溢流阀用于主油路时，其作用是限定系统最大工作压力，对液压系统起安全保护作用，此时也称其为安全阀。安全阀的调定压力不应大于系统额定压力的 110％。

(2) 平衡阀

用于平衡外载荷对系统的影响，使受载的执行元件能安全、平稳地运行。其职能符号如图 4—6 所示。

平衡阀由一个顺序阀和一个单向阀并联组成。在高空作业机械的落臂和缩臂的回油路中应串接一个平衡阀。其作用如下：

1）使落臂和缩臂动作平稳。

2）使落臂和缩臂动作始终处于受控状态。

3）一旦落臂或缩臂回油管路发生破裂，可将臂架锁止住，不致跌落发生事故。

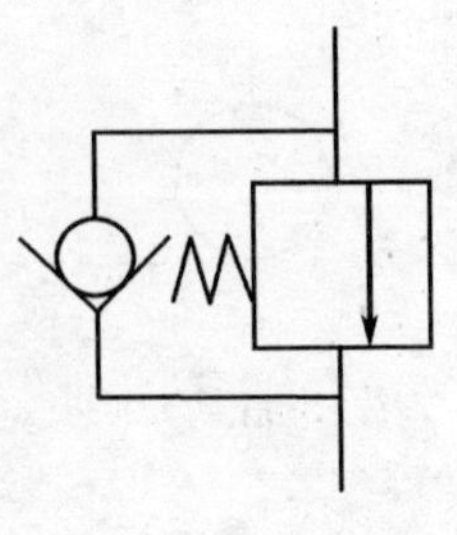

图 4—6　平衡阀

2. 流量控制元件

在液压系统中，控制油路流量的元件称为流量控制元件。如节流阀、分流阀、调速阀等均属于流量控制元件。

（1）节流阀

通过其限制或调节某油路的流量，来控制执行元件的速度。

节流阀分为固定式和可调式两类。

（2）分流阀

用于将一支油路分为两支油路。分流阀也分为固定式和可调式两类。其职能符号见图 4—7。

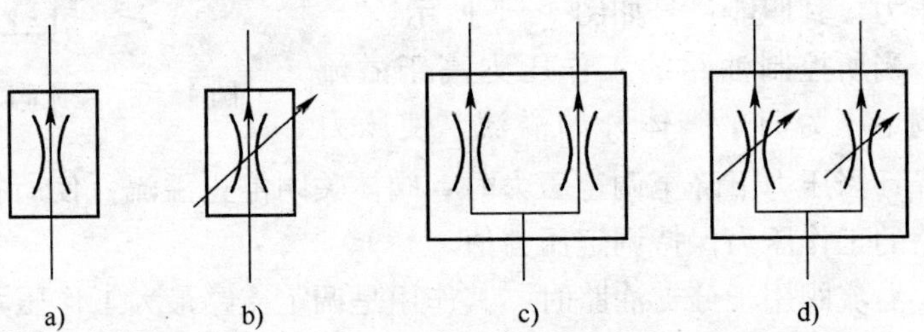

图 4—7　流量控制元件职能符号

a）固定式节流阀　b）可调式节流阀　c）固定式分流阀　d）可调式分流阀

3. 方向控制元件

在液压系统中，控制液流方向的元件称为方向控制元件。如单向阀和换向阀属于方向控制元件。其职能符号如图 4—8 所示。

（1）单向阀

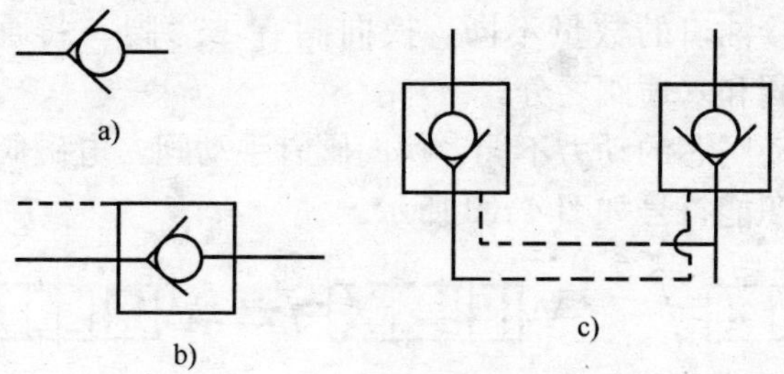

图 4—8　方向控制元件职能符号

a）单向阀　b）液控单向阀（液压锁）　c）双向液压锁

单向阀又称止回阀，它使液体只能沿一个方向通过。单向阀可用于液压泵的出口，防止系统油液倒流；用于隔开油路之间的联系，防止油路相互干扰；也可用作旁通阀，与其他类型的液压阀相并联，从而构成组合阀。对单向阀的主要性能要求是：油液向一个方向通过时压力损失要小；反向不通时密封性要好；动作灵敏，工作时无撞击和噪声。

（2）液控单向阀

液控单向阀是允许液流向一个方向流动，反向开启则必须通过液压控制来实现的单向阀。液控单向阀可用作二通开关阀，也可用作保压阀，用两个液控单向阀还可以组成“液压锁”。

高空作业机械液压系统中，在支腿油缸的进、出油口处，必须直接安装液压锁。其作用如下：

1）支腿伸出，处于作业状态时，锁死活塞杆。在油管发生破裂等意外情况下，可防止支腿失去作用，导致整机倾翻的事故发生。

2）在高空作业机械支腿缩回时，处于行驶或停放等非作业状态时，液压锁可防止支腿自重的影响而下落，影响行车安全。

（3）换向阀

通过改变油液的流动方向及通断状态，来控制执行元件的正、反向运动之间的换向及停止。按工作位置的数量不同，换向阀有二位阀和三位阀之分。

按外接油口的数量不同，换向阀有二通阀、三通阀、四通阀、五通阀和六通阀之分。

按推动阀芯的动力不同，换向阀有手动阀、电磁阀和液控阀之分。其职能符号如图 4—9 所示。

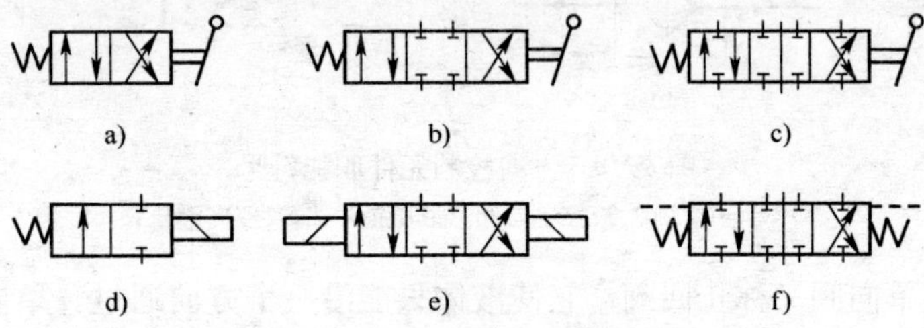

图 4—9　换向阀职能符号

a）二位四通手动换向阀　b）三位四通手动换向阀　c）三位六通手动换向阀
d）二位二通电磁换向阀　e）三位四通电磁换向阀　f）三位六通液控换向阀

四、辅助元件

在液压系统中，油箱、过滤器、冷却器、蓄能器、回转接头、油管和管接头以及多通路中心旋转接头等元件都属于辅助元件。液压辅件是液压系统中必不可少的组成部分，这些元件对于液压系统的工作性能、噪声、温升、可靠性与工作寿命等均有直接的影响。因此，应当对液压辅助元件引起足够的重视。液压系统中辅件种类甚多，下面列举常用的几种典型辅件，并说明其功用。

1. 油箱

油箱主要用来储存油液，并起散热和分离油中所含的气泡与杂质等作用，箱内焊有隔板，便于区分进油与回油，以便沉淀杂质，分离气泡，散热冷却后重新进入液压泵。油箱侧面设有油标，以指示油位，底部设有放油塞，便于清洗，盖板上有加油口，入口处有滤油装置，油箱应密封，以防灰尘铁末等进入，为了保持油箱内油面与大气相通，盖上应有通气口，通气孔有防尘网或空气过滤器，油泵进油口一般安装过滤器，以防脏物进入油泵，油箱内壁涂有耐油防锈漆，油箱常与液压泵、电动机、控制阀类、指示仪表等组成一个独立的部件，称为泵站或液压站。

2. 散热器

为了防止液压系统温升过高或将油温控制在某一范围内，使油液保持一定的黏度，防止温度过高引起黏度过低而造成系统内泄，而设置散热器。

3. 加热器

为了防止液压系统因环境温度过低，引起油液黏度过高，造成油泵吸油困难，减少系统阻力，设置加热器。一般在寒冷的冬季，设备运行之前，应对油液进行预热。

4. 过滤器

为了使油液保持清洁，让系统正常工作，提高元件使用寿命，根据液压系统的不同要求，选用适当的过滤器是非常重要的。油液中的杂质有两大类，一类是机械杂质，如元件加工后留下的铁屑、涂料和灰尘，元件工作时因磨损而产生的粉末，从液压系统外部进入的灰尘污物等；另一类是油液氧化变质而产生的杂质，如胶质沥青与炭渣等，这些杂质会随着油液的运动而导致滑阀卡死，阻尼小孔缝隙堵塞，而影响系统正常工作。过滤器分为以下五种：

(1) 网式过滤器

由一层或两层钢丝网作为过滤材料包在金属或塑料骨架上而成，多用于油泵进口以防杂质被油泵吸入，当油泵噪声较大时，往往是因为滤网堵塞，油泵吸空所致，所以要视情况进行不定期的清洗。

(2) 缝隙式过滤器

又称高压过滤器，一般安装在高压管道之间，该种过滤器过滤精度为 0.05～0.2 mm，结构简单，过滤效果好，主要保护其后的阀类和执行元件，应用广泛。

(3) 纸质过滤器

它和缝隙式的区别在于过滤材质的不同。纸质过滤芯是把平纹或波纹的酚醛树脂或木浆微孔滤纸绕在带孔的镀锡铁皮骨架上，而该种过滤器的过滤精度可高达 0.001 mm，但不易清洗，一般需要更换滤芯，主要用于油液需要精密过滤的场合。

(4) 金属烧结式过滤器

金属烧结式过滤器的结构形状较多，主要由端盖、壳体、滤芯、密封垫等零件组成。该种过滤器强度大，性能稳定，抗腐性好，制造简单，过滤精度较高，但缺点是颗粒容易脱落，影响滤油精度，不易清洁。

(5) 空气过滤器

空气过滤器装在油箱盖上，在系统工作时，箱内油液时而增加，时而减少，上升时由里向外排气，下降时由外向里进气，为了净化箱内油液，必须设置空气过滤器，同时空气过滤器又是注油口，加注油液时必经过滤后再进油箱，滤除油液内脏物，保持它的清洁是保障系统正常运行的重要环节。

5. 蓄能器

蓄能器是储存和释放液体压力能的装置，它的主要功用有三点：一是短期大量供油用于系统短时内需要大量压力油的场合；二是维持系统压力，并可作为应急油源使用；三是吸收冲击或脉动压力，用于消除压力波动。其类型有弹簧式、活塞式和皮囊式三种。

6. 密封件

密封件的功用主要是防止液压装置的内泄和外漏。内泄使系统效率降低，外漏造成浪费和污染环境，其种类常用的有三种：第一类为 O 形密封圈，一般用耐油橡胶制成，既可作动密封也可作静密封；第二类为 Y 形密封圈，有孔用和轴用之分，工作时受液压作用，两唇张开，分别贴紧在轴面和孔壁上起密封作用，因此装配时唇边要对准压油腔，有自动补偿磨损的能力；第三类为 V 形密封圈，由多层涂胶织物压制而成，由三种不同截面的支撑环、密封环和压环组成，压力较小时，使用三件一套即可，当压力较高时，可增加中间的密封环，其安装方式同 Y 形密封圈。

7. 油管和管接头

（1）油管是用来连接液压元件和输送液压油的，选用时应尽可能地避免急转弯和截面突变，应有足够的通油截面，最短的路程和光滑的管壁。其种类有钢管、铜管、尼龙管、塑料管、橡胶软管等。钢管能承受高压，价格低廉，刚性好，但不易配管，铜管易弯曲成各种形状，尼龙管一般用在低压润滑系统，橡胶软管用在两个相对运动件之间，如执行元件两端一般用软管，有时为减少系统振动，在两钢管折弯处也用软管连接。

（2）管接头是油管与油管、油管与液压元件间的可拆式连接件，其种类很多，有直通、直角、三角等形式，从连接方式分有焊接式、卡套式、薄壁扩口式，按接头与机体的连接方式又分为螺纹式和法兰式。

8. 多通路中心旋转接头

在液压系统中使用的多通路中心旋转接头，它能实现压力油、电信号在相对转动的两个部件之间传输。该多通路中心旋转接头的拨叉总成带动电路旋转体与油路旋转体同步转动。芯轴为圆柱形，上面有多个轴向和径向通道。油路旋转体为筒形，其径向的通孔经内圆柱面上的环形槽与芯轴径向油道相通。电路旋转体的定子由定子叠加片和导电环相间叠加而成，导电环上扣接着通向下车的电缆。电路旋转体的转子由转子叠加片叠加而成，每个薄片上镶嵌有导电丝，导电丝的一端扣接着通向上车的电缆，另一端与导电环始终接触，从而实现电信号的传输。例如：高空作业车的上车（转台）与下车（底盘）之间便设置了多通路中心旋转接头，图 4—10 所示为多通路中心旋转接头。

9. 部分辅助元件的功能符号

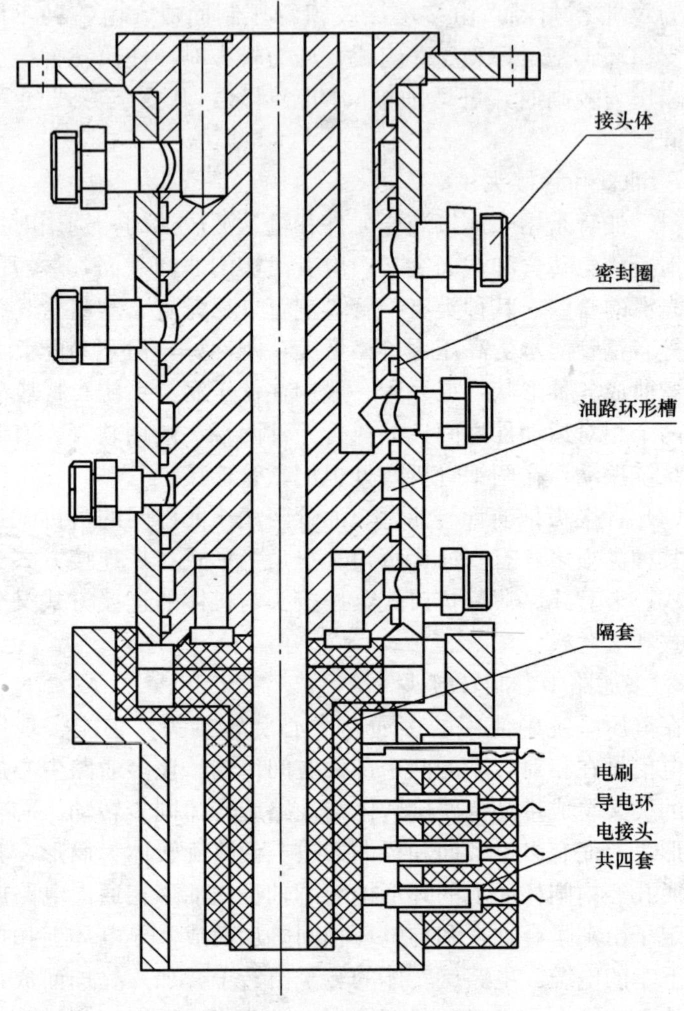

图 4—10　多通路中心旋转接头

部分辅助元件的功能符号如图 4—11 所示。

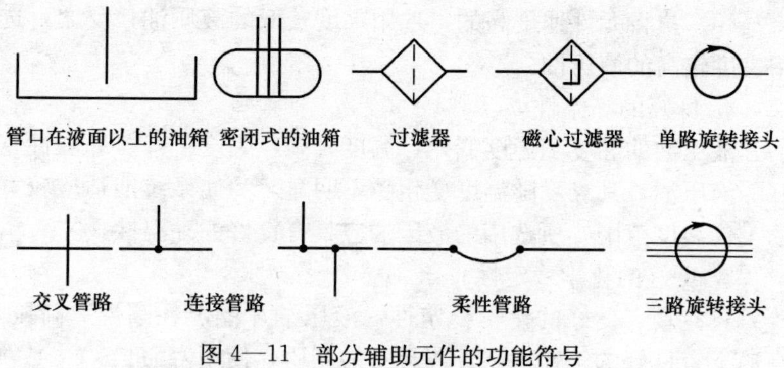

图 4—11　部分辅助元件的功能符号

第三节　液压系统的基本要求

一、液压系统对液压油的基本要求

液压油是液压系统的工作介质，起传递力、冷却、润滑、防腐、吸振等作用。正确选择和使用液压油是液压系统正常工作的基本保证。液压系统对液压油的基本要求有以下几点：

1. 适当的黏度

黏度是衡量液体流动性的指标。流动性强的液体黏度低，反之黏度高。液压油的黏度过高，则运动阻力大，功率损失大，系统效率低，甚至发生阻滞现象，使系统无法正常工作；液压油的黏度过低，则易发生泄漏，降低系统效率，并且易混入空气，还有可能造成油泵吸空，使系统无法正常工作。因而，液压系统要求液压油具有适当的黏度。液压系统选择适当黏度的液压油，应遵循如下原则：

(1) 环境温度高时，选用黏度较高的液压油；反之，选用黏度较低的液压油。

(2) 系统工作压力大的，选用黏度较高的液压油；反之，选用黏度较低的液压油。

（3）执行元件速度高的，选用黏度较低的液压油；反之，选用黏度较高的液压油。

2. 良好的黏温性

液压油的黏度随温度变化，温度升高，黏度下降。黏温性越好的液压油，其黏度随温度变化越不明显。为使系统能适应较宽的工作温度范围，所选用的液压油应具有良好的黏温性。

3. 良好的化学稳定性

只有具有良好的化学稳定性，液压油才能够在高温、高压、高速下有良好的工作稳定性，且不易变质，使用寿命长。

4. 良好的润滑性

以减小元件表面摩擦阻力，降低磨损。

5. 良好的防腐性

良好的防腐性体现在液压油本身无腐蚀性，不仅对系统、元件无腐蚀作用，不要对机件具有防腐作用。

6. 良好的消泡性

液压油经过油泵的搅动以及通过小孔、窄缝时的扰动都会产生气泡。这些气泡会引起振动和噪声，对系统十分有害。消泡性良好的液压油，一旦形成气泡，便会很快消失，不致影响系统正常工作。

7. 闪点高、凝点低

液压油的闪点高，不易引发火灾；凝点低，低温流动性好。因此，在较低环境温度下，系统仍能正常工作。

8. 油质纯净

液压油中尽量少含水分、挥发物及固体杂质等。

二、液压系统的安全技术要求

1. 在系统中必须设置安全阀

安全阀必须灵敏有效，其调压螺栓的螺母必须锁紧。安全阀的调定压力不得超过系统额定压力的110％。

2. 在有坠落危险的支路中必须设置平衡阀。

3. 在支腿油路中必须设置液压锁。

4. 油箱内的油位必须在规定的标线内。

5. 液压油的油质应符合规定要求。

6. 过滤器应通畅，无阻塞。

7. 油泵无异响或振动。

8. 各执行元件无爬行、抖动或冲击现象。

9. 各控制元件安全可靠，动作灵敏。

10. 高压软管耐压符合标准要求。

11. 密封件无老化、漏油现象。

12. 各元件、管路、接头应通畅，无泄漏。

第五章

高空作业机械的类型及参数

高空作业机械的种类很多，基本分为高空作业平台和高空作业车两大类。用来运送人员、工具和材料，在空中承载工作人员和使用器材到指定位置进行工作的设备称为高空作业平台，包括带控制器的工作平台、伸展结构和底盘。高空作业平台的底盘为定型道路车辆，并有车辆驾驶员操纵其移动的设备称为高空作业车。

列入国家机动车辆目录管理的称为高空作业车，其余的称为高空作业平台。高空作业车与高空作业平台的区别在于有无底盘，车是带底盘的，而平台不带底盘。

第一节　高空作业车的类型及型号

高空作业车是用来运送工作人员和使用器材到指定高度进行作业的场（厂）内专用机动车辆。其水平移动的机动性较强，动作复杂，作业范围广，作业危险性大。

一、高空作业车分类

高空作业车伸展结构的类型有以下几种，见表 5—1，示意图如图 5—1 所示。

表 5—1　　伸展结构的类型

形式	伸缩臂式	折叠臂式	混合式	垂直升降式
代号	S	Z	H	C

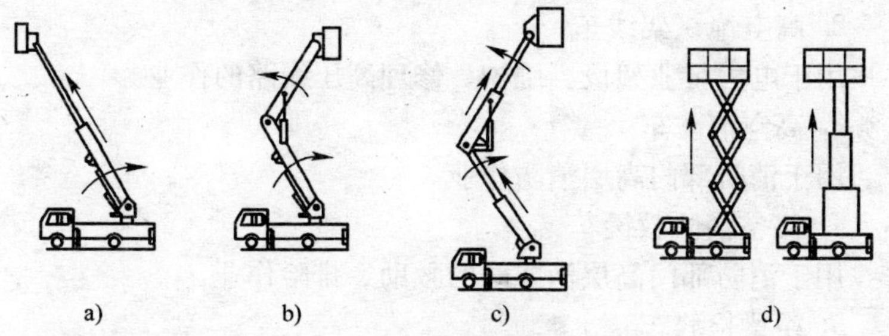

图 5—1　伸展结构类型的示意图

a）伸缩臂式　b）折叠臂式　c）混合式　d）垂直升降式

二、规格型号

高空作业车的规格型号由型代号、形式代号、主参数代号和更新变型代号组成，标记示例如下：

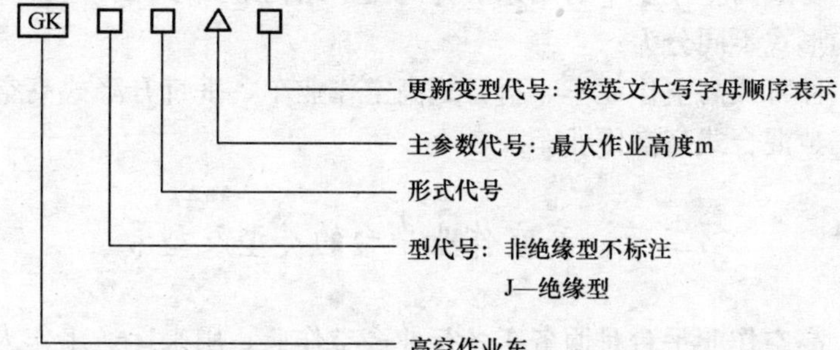

1. 最大作业高度为 10 m 的绝缘型伸缩臂式高空作业车

标记：GKJS10　GB/T 9465

2. 最大作业高度为 12 m 的非绝缘型垂直升降式高空作业车的第一次变型产品

标记：GKC 12A　GB/T 9465

三、高空作业车按用途分类

1. 高树剪枝车

用于园林、绿化、市政道路等行业整理、修剪高大树木枝叶的作业。

2. 高空绝缘架线车

用于电力行业架设、维护、修理高压线路的作业。

3. 高空消防车

用于消防部门高层消防作业。

4. 高空消防救援车

用于消防部门高层消防时的救助、排险作业。

5. 桥梁检修车

用于交通、公路、市政等行业检修桥梁的作业。

6. 高空摄影车

用于新闻、影视、广告等单位的拍摄工作。

7. 普通高空作业车

用于各行各业进行安装、维修、装饰、保洁等登高作业。

普通高空作业车的用途最为广泛，结构形式多样。按其升降结构形式不同分为：

伸臂式高空作业车、折臂式高空作业车、垂直升降式高空作业车、混合式高空作业车。

第二节　高空作业平台的类型及型号

高空作业平台是服务于各行业高空作业、用来运送工作人员和使用器材到指定高度进行设备安装、检修等可移动性高空作业的特种工程设备。

一、高空作业平台分类

按高空作业平台的特性可分为固定式、移动式和自行式三种。

1. 固定式高空作业平台

固定式高空作业平台如图 5—2 所示。

2. 移动式高空作业平台

移动式高空作业平台，有汽车车载式高空作业平台和电瓶车

图 5—2　固定式高空作业平台

车载式高空作业平台两种。

汽车车载式高空作业平台（见图 5—3）是由升降工作平台和汽车配套改装而成的。它利用汽车发动机动力，实现升降台的升降功能。采用 H 形液压支腿，保证机器升降的稳定和作业的安全。可采用直流独立动力源，实现升降机的旋转、升降功能。适用于工作面广和幅度大的高空作业，具有作业范围大，持续作业时间长等特点，特别适合于野外检修、路灯检修等。

电瓶车车载式高空作业平台（见图 5—4）是由升降台和电瓶车配套改装而成的高空作业专用设备。它利用电瓶车原有直流动力，无须外接电源，即可实现升降台的升降和整机的移动。其移动方便，作业流动范围广，具有无污染，无尾气，作业范围大，流动性强等特点。特别适用于冷库、人群密集区域（如火车站，汽车站，飞机场等）。车载式高空作业平台工作方式灵活，工作效率高，可以广泛应用于各个施工领域。

图 5—3　汽车车载式高空作业平台

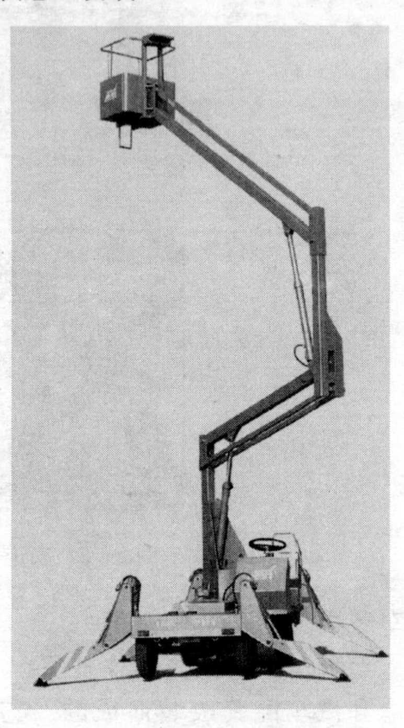

图 5—4　电瓶车车载式高空作业平台

3. 自行式高空作业平台

自行式高空作业平台是靠蓄电池驱动行走，可以在工作台面控制行走及转向的高空作业平台。是目前最先进的高空作业设备，最高高度时可以行走，坑洼保护系统提供了最大安全性。自行式高空作业平台与牵引式和车载式高空作业平台外形类似，它具有自动行走的功能，能够在不同工作状态下，快速、慢速行走，只需一个人操作便可在空中连续完成上下、前进、后退、转向等所有动作。特别适合于机场候机楼、车站、码头、商场、体育场（馆）、小区物业、厂矿车间等较大范围的作业。如图 5—5 所示。

图 5—5　自行式高空作业平台

自行式高空作业平台按结构形式不同，可分为下列几种类型，如图 5—6 所示。

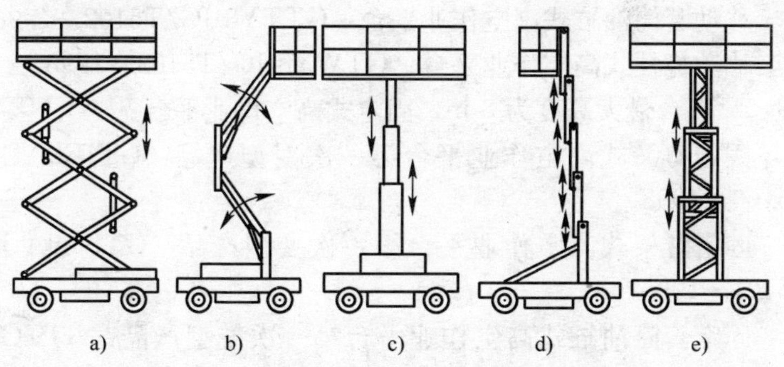

图 5—6　结构形式不同的自行式高空作业平台

a）剪叉式　b）臂架式　c）套筒油缸式　d）桅柱式　d）桁架式

二、高空作业平台型号标记

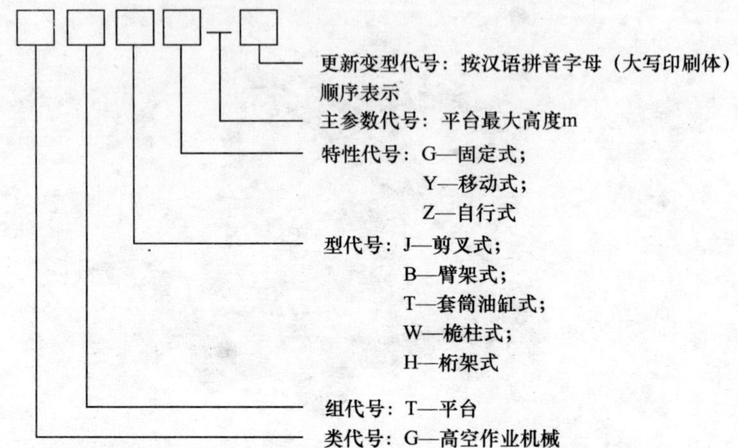

标记示例：

1. 平台最大高度为 8 m，移动式高空作业平台

移动剪叉式高空作业平台：GTJY8 JG/T5100—1998

移动臂架式高空作业平台：GTBY8 JG/T5101—1998

移动套筒油缸式高空作业平台：GTTY8 JG/T5102—1998

移动桅柱式高空作业平台：GTWY8 JG/T5103—1998

2. 平台最大高度为 8 m，固定式高空作业平台

固定剪叉式高空作业平台第一次变型产品：GTJG8A JG/T5100—1998

固定臂架式高空作业平台第一次变型产品：GTBG8A JG/T5101—1998

固定套筒油缸式高空作业平台第一次变型产品：GTTG8A JG/T5102—1998

固定桅柱式高空作业平台第一次变型产品：GTWG8A JG/T5103—1998

第三节　高空作业机械的主要参数

主要参数是机械设备最主要的性能参数，是设备型号的组成部分。高空作业机械的主要参数如下：

1. 最大工作平台高度

工作平台承载面与作业车支撑面之间的最大垂直距离，称为最大工作平台高度。其单位为米。

2. 最低工作平台高度

工作平台收回到行驶状态下承载面与作业车支撑面之间的最小垂直距离，称为最低工作平台高度。

3. 最大作业高度

最大工作平台高度与作业人员可以进行安全作业所能达到的高度（1.7 m）之和，称为最大作业高度。

4. 最大平台幅度

回转中心轴线与工作平台外边缘的最大水平距离，称为最大平台幅度。

5. 最大作业幅度

最大平台幅度与作业人员可以进行安全作业所能达到的最大水平距离（0.6 m）之和，称为最大作业幅度。

6. 额定载荷

工作平台所标称的最大装载质量，称为额定载荷。

第六章

高空作业机械的基本构造及工作原理

第一节　高空作业平台概述

相对于高空作业车而言，高空作业平台的动作比较单一。固定式高空作业平台只有平台升降动作；移动式高空作业平台也只有平台升降与水平移动两个动作。

一、固定式高空作业平台

1. 用途

固定式高空作业平台固定在某一确定位置，利用平台升降完成某一反复进行的工艺动作。例如：在剧场内作为升降舞台的专用设备；在装配或运输流水线上作为零部件或货物在不同高度的平面之间的物流设备；在井道中作为电梯使用等。

2. 基本组成部分

固定式高空作业平台主要由机座、升降机构、动力装置、传动系统、控制部分和作业平台组成。其各部分作用如下：

（1）机座

与地面或其他装置固定，起连接和支承各部的作用。

（2）升降机构

支承作业平台，实现升降动作。

（3）动力装置

为设备提供动力。

（4）传动系统

将动力装置的动力传递给升降机构。

（5）控制部分

控制和实现平台的升、降、停动作。

（6）作业平台

在空中承载工作人员和使用器材的装置，简称平台。

二、移动式高空作业平台

1. 用途

移动式高空作业平台的额定载荷较小，自重较轻，一般采用拖式移动（靠人力或其他车辆拖动移位）方式，用于移动距离短、作业区域范围小、地面平坦坚实的室内外狭窄空间的高处作业。常用于宾馆、饭店、地铁车站、候机、候车大厅、工矿企业内部的装饰、维修、保洁等作业。

2. 基本组成部分

移动式高空作业平台主要由拖式底盘、升降机构、动力装置、传动系统、控制部分和作业平台组成。

拖式底盘：由车架、车轮、拖杆及转向机构、支腿等组成。底盘起连接和支承各部件，并且使整机水平移动的作用。

其他部件与固定式高空作业平台的相应部件相似或类同。

三、自行式高空作业平台

1. 用途

自行式高空作业平台的自重和额定载荷都较大，采用自行式底盘移动整机，机动性强。用于移动距离较长，作业区域范围大的室内外宽敞空间的高处作业。

2. 基本组成部分

自行式高空作业平台主要由自行式底盘、升降机构、动力装置、传动系统、控制部分和作业平台组成。其各部分作用如下：

（1）自行式底盘

由动力装置、传动机构、行走系统、操纵系统和支腿机构等组成。底盘起连接和支承各部件，并且使整机水平自驱移动的作用。

（2）底盘动力装置

为底盘单独提供动力或与升降系统采用同一动力。

（3）底盘传动装置

将动力装置的动力传递给行走系统。

（4）底盘行走系统

连接和支承各部件，并且使整机水平移动。

（5）底盘操纵系统

起操纵和控制整机水平移动的作用。包括制动操纵和转向操纵。

（6）支腿机构

在平台作业时伸出，扩大整机与地面的接触范围，以提高整机作业时的稳定性。行走时，支腿收回，以提高整机通过能力。

其他部件与移动式高空作业平台的相应部件相似或类同。

第二节　高空作业平台的升降机构

高空作业平台的升降机构的结构形式决定其产品型号的型代号。高空作业平台按升降机构的结构形式不同，分为剪叉式、臂架式、套筒油缸式、桅柱式和桁架式五种形式。

一、剪叉式升降机构

由一组或多组剪刀叉组成升降机构，如图 6—1 所示。

1. 基本构造和工作原理

剪叉式升降机构主要由叉臂 1、铰链 2、销轴 3、油缸 4、滚轮 5 和导轨 6 组成。

工作原理：以单叉升降机构为例，叉臂的一端由固定铰链与导轨架铰接；另一端装有滚轮，滚轮插入另一导轨槽内；中间与另一叉臂由销轴铰接。当油缸向外伸出时，推动叉臂，使之与导轨之间的夹角变大，则上下两导轨之间的距离随之增大。由于下导轨固定在机座或底盘上，上导轨固定在作业平台底部，因而作业平台相对于机座或底盘向上升起。反之，当油缸缩回时，作业

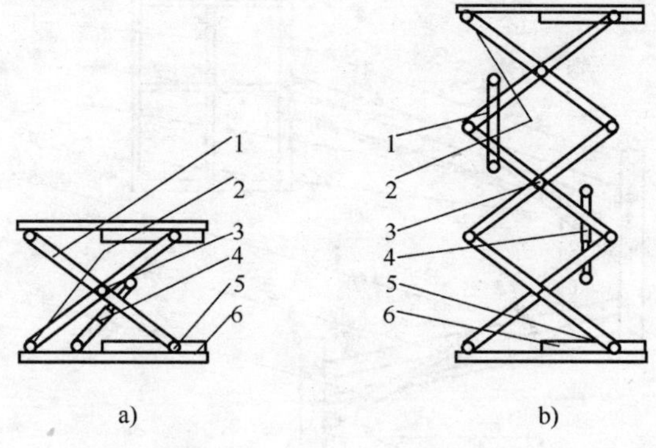

图 6—1　剪刀叉式升降机构

a）单叉升降机构　b）多叉升降机构

1—叉臂　2—铰链　3—销轴　4—油缸　5—滚轮　6—导轨

平台则下降。多叉升降机构仅比单叉升降机构增加数组叉臂，以增加平台的升降高度。其工作原理与单叉升降机构相同。

2. 结构特点

优点：结构对称、受力合理、支承刚度大、平台作业稳定，适用于大尺寸、大额定载荷的升降平台。

缺点：结构较笨重，自重大。

二、臂架式升降机构

1. 基本构造和工作原理，如图 6—2 所示。

由上臂架和上平衡杆组成一组平行四边形机构，受控于上油缸。当上油缸向外伸出时，推动上臂架，使之与联接臂之间的夹角变大，与上臂架上端铰接的平台上升。上平衡杆的作用是使平台台面始终保持水平。同样，由下臂架和下平衡杆组成另一组平行四边形机构，受控于下油缸。当下油缸向外伸出时，推动下臂架，使之与联接臂之间的夹角变大，与下臂架上端铰接的联接臂上升。

2. 结构特点

优点：作业较灵活。在上下油缸配合下，不仅能使平台升

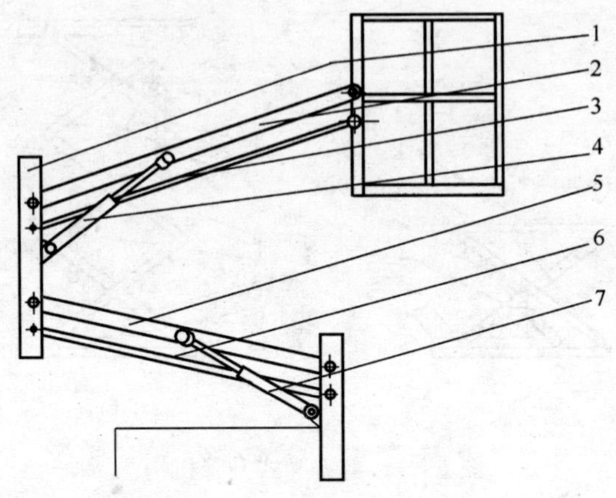

图 6—2 臂架式升降机构

1—联接臂 2—上臂架 3—上平衡杆 4—上油缸

5—下臂架 6—下平衡杆 7—下油缸

降，而且还能在一定范围内变动作业幅度（简称变幅）。

缺点：平台作业稳定性较差。

三、套筒油缸式升降机构

1. 基本构造和工作原理，如图 6—3 所示。

套筒油缸式升降机构由一根多级油缸将底座与平台连接起来。当油缸的柱塞和套筒逐级伸出时，平台即被顶升向上运动。

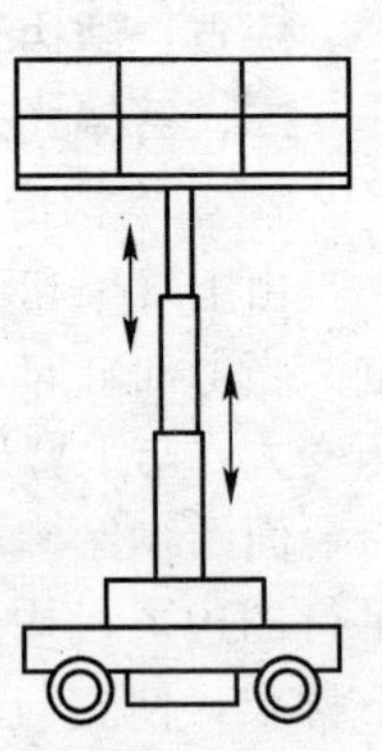

图 6—3 套筒油缸式升降机构

2. 结构特点

优点：结构最简单。适用于小尺寸作业平台。

缺点：平台作业稳定性较差；多级油缸造价高。

四、桅柱式升降机构

1. 基本构造和工作原理，如图 6—4 所示。

由一组、两组或多组桅柱分别组成单桅柱

升降机构、双桅柱升降机构和多桅柱升降机构。

每组桅柱由数节异型截面薄壁型材互为导轨组成。在底部基础导轨节内部设有顶升油缸；各相邻导轨节之间由钢丝绳和滑轮组相互联系。当油缸向外伸出时，推动与基础导轨节相邻的第一活动导轨节向上运动。与此同时，各导轨节则在钢丝绳和滑轮组的牵制作用下，产生联动效应，分别向上升起。最上端的导轨节则带动与之相连的平台向上升起。反之，当油缸缩回时，作业平台则下降。

2. 结构特点

优点：结构轻便，便于模块化设计和批量生产；平台最大高度大，可高达 20 多米。适用于小尺寸、大作业高度的平台。

缺点：异型薄壁型材必须专业定制，制造成本较高。

五、桁架式升降机构

1. 基本构造和工作原理，图 6—5 所示为桁架式升降机构。

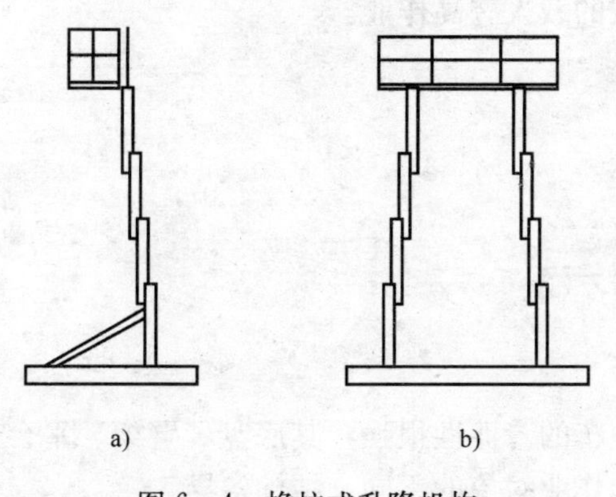

图 6—4 桅柱式升降机构

a）单桅柱升降机构 b）双桅柱升降机构

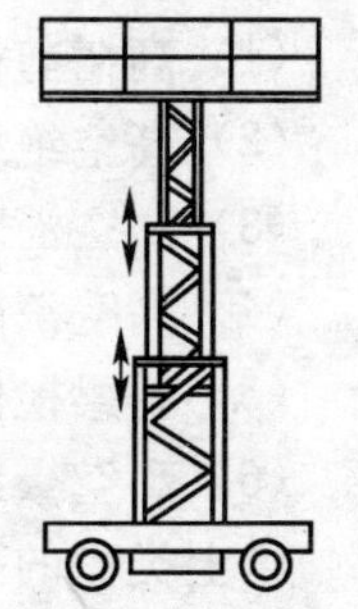

图 6—5 桁架式升降机构

桁架式升降机构由多节正方形截面的桁架套装而成。升降原理与桅柱式升降机构类似，靠油缸推动各节桁架伸缩。各节桁架之间也靠钢丝绳和滑轮组牵制联动。

老式桁架式升降机构采用手动或电动卷扬机构作为桁架升降

的动力。

2. 结构特点

优点：比套筒油缸式升降机构的作业稳定性高；造价低廉。

缺点：结构笨拙。属于早期机型。

第三节　高空作业车概述

高空作业车的动作一般比较复杂，不仅具有平台升降和整车水平移动两个动作，而且还可能具有转台回转、臂架变幅和平台摆动等动作。

高空作业车包括专用和通用两大类。

一、专用高空作业车

1. 用途

可实现某一专业领域的载人登高作业。

2. 类型

（1）高树剪枝车。

（2）高空绝缘架线车。

（3）高空消防车。

（4）高空消防救援车。

（5）桥梁检修车。

（6）高空摄影车。

以上类型的高空作业车的专业性很强，其底盘、臂架、平台等机构均根据作业性质和作业对象的不同，结构各异。

二、通用高空作业车

通用高空作业车也称普通高空作业车。

1. 用途

结构通用，用途广泛。适用于无特殊要求的登高作业。

2. 类型

（1）伸臂式高空作业车。

（2）折臂式高空作业车。

（3）垂直升降式高空作业车。

（4）混合式高空作业车。

三、通用高空作业车的基本构造

通用高空作业车由底盘、动力装置、变幅机构、回转机构、摆动机构和平台组成。

1. 底盘

底盘（车架）是整个作业车的基础构架，支撑着整个车体，起支承和传力的作用。装有转向机构和行走机构（见图 6—6）。

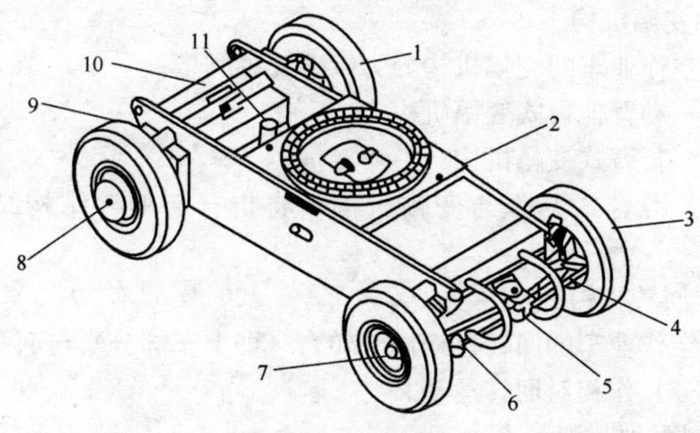

图 6—6　底盘

1—行走轮　2—车架　3—转向轮　4—转向油缸　5—转向连杆　6—转向节　7—转向轴　8—行走电动机及减速器　9—轮轴箱　10—伸缩油缸　11—顶升油缸

高空作业车的底盘分拖式底盘和自行式底盘两大类。通用高空作业车的底盘绝大多数采用自行式底盘，少量专用高空作业车采用拖式底盘，例如高空摄影车。

拖式底盘和自行式底盘与高空作业平台的相应底盘相同或类似，其内容详见本章第一节。

2. 动力装置

高空作业车的动力装置主要采用内燃机或蓄电池与直流电动

机作为动力，来驱动各执行机构实现工艺动作。

3. 升降机构

高空作业车的升降机构分为以下几种类型：

（1）伸臂升降式（通常在伸臂的同时辅以动臂，升降与变幅动作复合进行）。

（2）折臂升降式（升降与变幅动作复合进行）。

（3）垂直升降式。

（4）混合升降式（将折臂与伸臂结构结合成一体，升降与变幅动作复合进行）。

4. 变幅机构

高空作业车的变幅机构分为以下几种类型：

（1）动臂伸臂式变幅机构。

（2）折臂式变幅机构。

（3）混合式升降与变幅机构（将折臂与伸臂结构结合成一体）。

5. 回转机构

高空作业车的回转机构用于转台（即上车部分）与底盘（即下车部分）作相对回转运动。

6. 摆动机构

高空作业车的摆动机构用于平台在水平面内作摆动，使平台作业时能正对作业面，便于作业。

7. 平台

高空作业车的平台用于承载作业人员、工具和物料。

第四节　高空作业车的升降与变幅机构

一、高空作业车升降与变幅的概念

1. 升降运动

使平台相对于地面的高度增加即为上升运动；反之，使平台相对于地面的高度减小即为下降运动。

2. 升降机构

支承并且实现平台升降运动的机构。

3. 作业幅度

作业人员在平台内进行安全作业所能达到的位置至支承中心或支承回转中心的水平距离。

4. 变幅机构

用来改变作业幅度的机构。

除垂直升降式高空作业车无变幅机构之外，其他类型的高空作业车的升降与变幅动作一般都是通过一组升降与变幅机构来实现的。

垂直升降式高空作业车的升降机构与高空作业平台的升降机构相同或类似，其内容详见本章第二节。

二、动臂伸臂式升降与变幅机构

动臂伸臂式升降与变幅机构是通过大臂的俯仰和小臂的伸缩来实现高空作业车的升降与变幅动作，如图 6—7 所示。

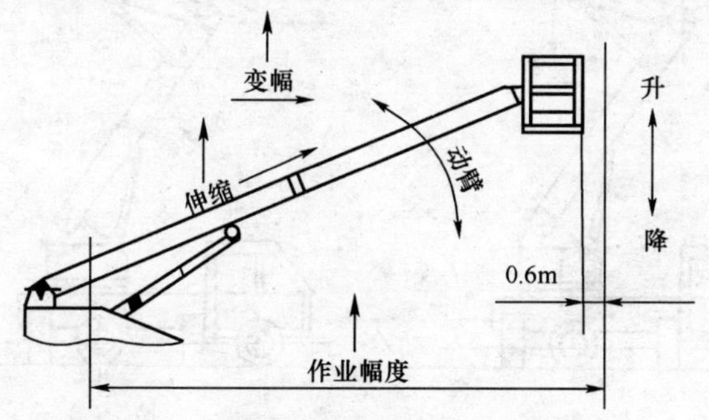

图 6—7 动臂伸臂式升降与变幅机构

1. 大臂的俯仰

大臂的俯仰由动臂油缸控制。当动臂油缸伸长时，大臂仰起，臂前端上升，同时作业幅度变小。

2. 小臂的伸缩

小臂套接在大臂内，通过安装在大臂内的伸臂油缸控制小臂的伸缩。当伸臂油缸伸长时，带动小臂向外伸出，使小臂前端上升，同时作业幅度变大。

3. 特点

此升降与变幅机构的变幅范围大，操作简便，行驶状态的车长尺寸较大，是较为常见的一种升降与变幅机构。

三、折臂式升降与变幅机构

折臂式升降与变幅机构是通过多节臂的折叠与展开，来实现高空作业车的升降与变幅动作。

1. 结构与工作原理

多节臂之间通过销轴铰接。除基础臂铰接在转台结构上，由油缸支承和控制之外，其余各节相邻臂之间均有油缸支承和控制，通过改变某根或某几根油缸的伸出长度，即可控制其最外端的升降与变幅动作，如图 6—8 所示。

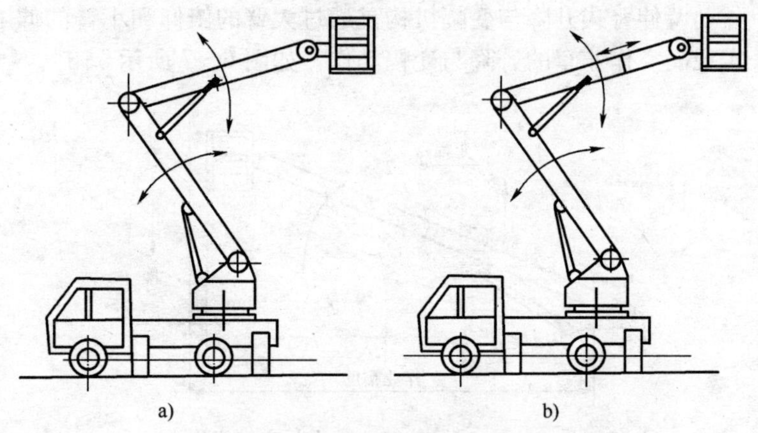

图 6—8　折臂式升降与变幅机构

a）折臂式升降变幅机构　b）折臂与伸臂式升降变幅机构

2. 特点

此升降与变幅机构的最大工作高度大，行驶状态的车长尺寸较小，操作动作较复杂，是最为常见的一种升降与变幅机构。

四、折臂伸臂式升降与变幅机构

折臂伸臂式升降与变幅机构是在折臂式升降与变幅机构的基础上，在最上端的一节臂内增加了一套伸缩臂和与之配套的伸缩机构组合而成的。

其突出特点是，在不增加行驶状态车长的条件下，有效地增加了最大作业高度和最大作业幅度。

第五节　高空作业车的回转机构

高空作业车的回转机构是使其转台（即上车）绕回转中心轴线做相对于底盘（即下车）旋转的机构。

回转机构由动力装置、减速器、制动器、回转支承和中心回转接头组成。

一、回转机构的动力装置

回转机构的动力装置分为电动和液压传动两大类。

1. 电动动力装置

电动动力装置采用交流电动机或直流电动机作为动力。

交流电动机需要外接交流电源，由于受电缆线长度的限制，故只适合在较小作业范围或特定空间内作业。

直流电动机可由车载蓄电池（电瓶）提供电源，其作业范围不受外接电源电缆限制，一般较多采用。

2. 液压动力装置

液压动力装置采用液压马达作为动力。

驱动回转机构的液压马达常采用柱塞马达、齿轮马达或摆线马达。

二、减速器与制动器

1. 减速器的作用

减速器的作用是降低动力装置的转速，增加动力装置的转矩，将动力和转动传递给回转支承。

2. 减速器的结构

高空作业车回转机构的减速器，最常用的有多级圆柱齿轮减速器，（见图 6—9），摆线针轮减速器，（见图 6—10），蜗轮减速器（见图 6—11）。

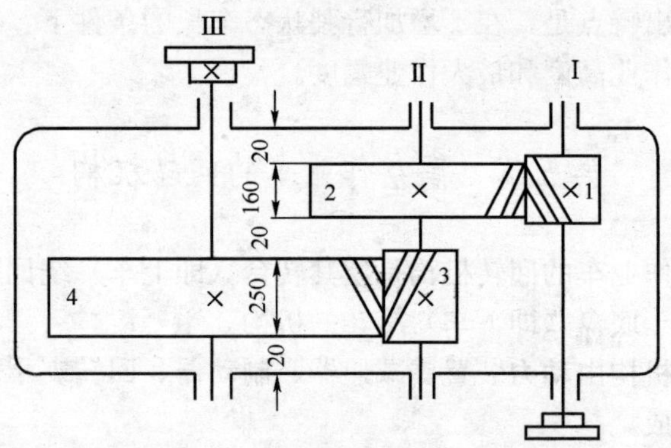

图 6—9　多级圆柱齿轮减速器

图 6—10　摆线针轮减速器外形

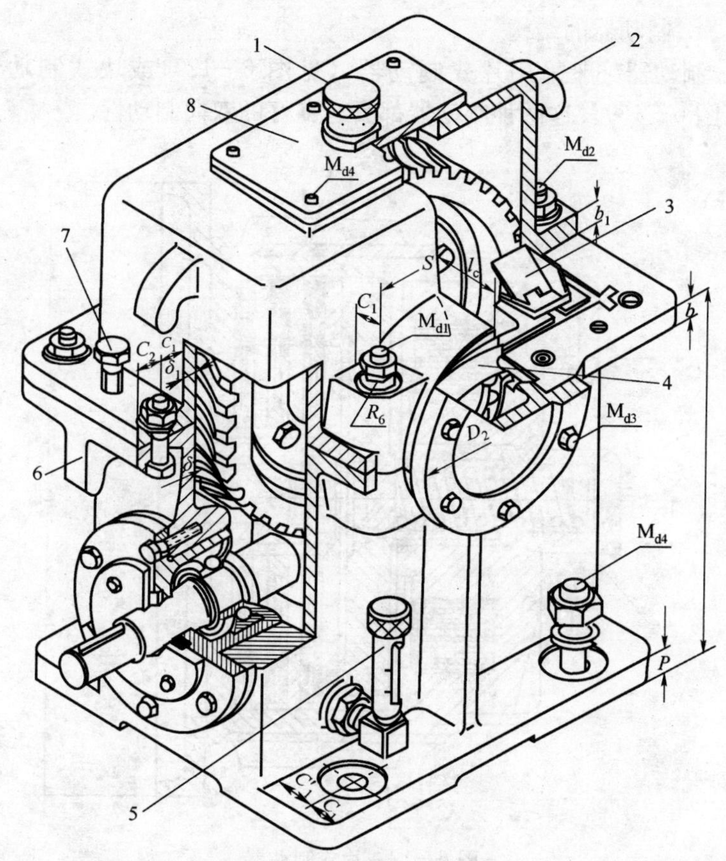

图 6—11 蜗轮减速器

1—通气器 2—吊钩 3—刮油板 4—调整垫片组 5—管状油标 6—吊钩 7—启盖螺钉 8—检查孔盖

减速器的输入轴与动力装置相连，输出轴上装有小齿轮与回转支承的大齿圈啮合传递动力。

3. 制动器的作用

制动器的作用是锁住转台，限制其转动，以便于整车的安全行驶及作业。

4. 制动器的结构

制动器一般采用片式制动器（见图 6—12）或块式制动器（见图 6—13)。这两种制动器都具有良好的双向制动性。

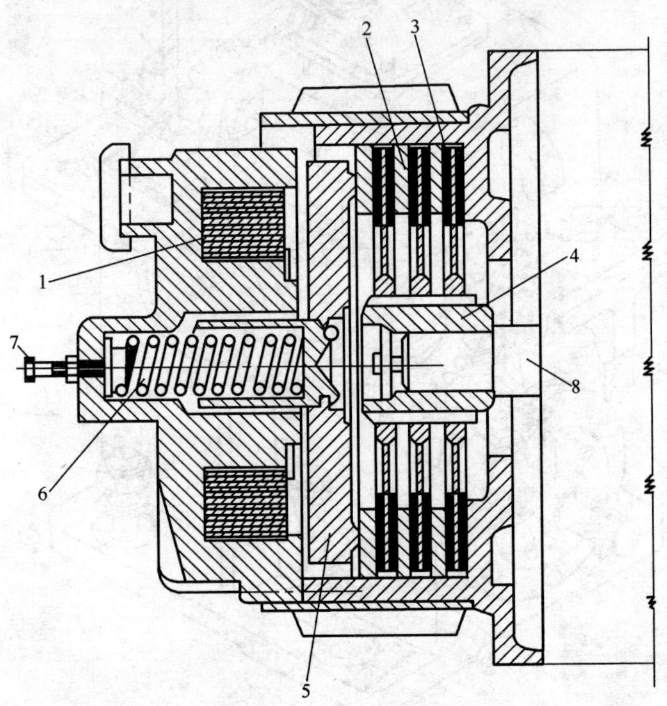

图 6—12 片式制动器

1—铁芯线圈 2—止动环 3—制动片 4—花键套 5—活动压板 6—压缩弹簧 7—六角调整螺钉 8—电机轴

三、回转支承

1. 回转支承的作用

回转支承的作用是将高空作业车的转台与底盘连接成一体，使转台能绕回转支承的轴线旋转，而且将转台以上部分的自重以及平台载重后产生的全部垂直力、水平力和倾覆力矩传至底盘。

2. 回转支承的结构

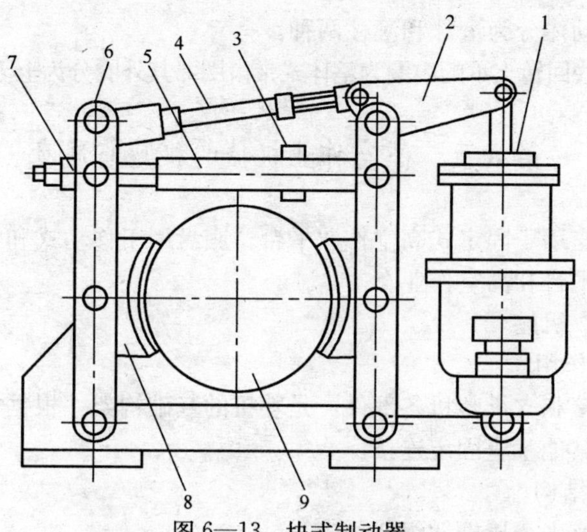

图 6—13　块式制动器

1—液压电磁铁　2—杠杆　3—挡板　4—螺杆　5—弹簧架
6—制动臂　7—拉杆　8—瓦块　9—制动轮

回转支承由内圈、外圈和滚动体三部分组成。如图 6—14 所示。

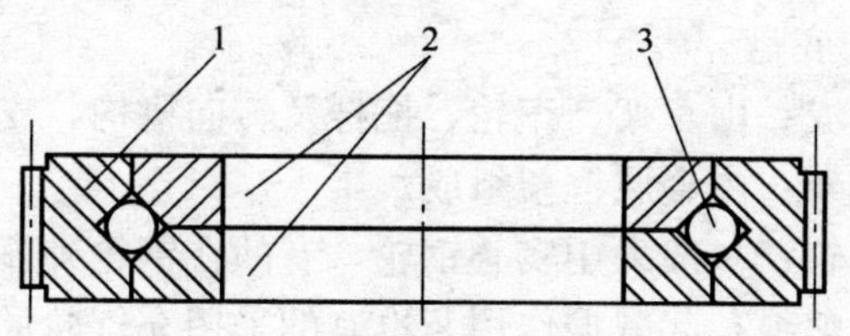

图 6—14　回转支承的结构

1—外圈　2—内圈　3—滚动体

通常，回转支承的外圈为整体式，其内圆柱表面带环形凹槽形成滚道，其外圆柱表面带齿，形成齿圈。

回转支承的内圈由上、下环组成。两环结合处带凹槽滚道，便于滚动体的安装。

滚动体分为滚珠和滚柱两种。

有些回转支承的内圈为整体式带齿圈，其外圈分为上下环结构。

第六节　高空作业机械的机座与底盘

机座用于固定式高空作业平台；底盘用于移动式和自行式高空作业平台和高空作业车。

一、机座

1. 作用

连接和支承整机各部件，是整机的基础构架。根据需要可与地面或其他基座固定连接。

2. 结构

机座由金属框架组成。

二、底盘

底盘分为拖式底盘和自行式底盘两种。

1. 作用

连接和支承整机各部件，并实现整机的水平移动。

2. 拖式底盘

（1）组成：由车架、车轮、拖杆及转向机构、支腿等组成。

（2）车架：由金属框架组成。

（3）车轮：一般采用实心钢轮。有的在钢轮外圈包一层硬橡胶或聚氨脂塑料，起减振作用。也有的采用充气轮胎，用于在不平的路面行走。

（4）拖杆及转向机构：拖杆用于人力或其他车辆牵引整机。拖杆一般与转向机构或直接与转向轮连在一起，实现整机移动过程的转向。

（5）支腿：与底盘铰接或插接。在平台作业时伸出并且与地面接触，以扩大设备的接地范围，提高整机作业的稳定性。在设备行走时，支腿收回，以缩小整机行走所占空间，提高整机的通过能力。

3. 自行式底盘

自行式底盘分为专用底盘和通用底盘两类。

（1）专用底盘

是为高空作业平台或高空作业车专门设计的自行式底盘。其性能与整机较匹配。但是由于生产批量小，所以造价较高，配件供应较困难。

（2）通用底盘

采用通用汽车或电瓶车底盘，经过改装成为高空作业平台或高空作业车的底盘。其制造成本较低，配件供应充足。但是，其匹配性能则取决于设计水平及可供选择的车辆底盘的特性。

4. 专用自行式底盘

（1）按动力源不同，分为以内燃机、交流电和蓄电池为动力三种类型。

1）以内燃机为动力的专用底盘，机动性强，作业范围及持续作业时间不受限制。

2）以交流电为动力的专用底盘，使用成本低、噪声小、无污染；但作业范围受外接电源的限制。

3）以蓄电池为动力的专用底盘，噪声小、无污染、机动性强、作业范围不受限制，但持续作业时间受蓄电池所蓄电量的限制。

（2）按动力装置数量不同，分为集中动力装置和分散动力装置两种类型。

1）集中动力装置：整机采用一个动力装置，既向行走系统提供动力，又向工作装置（包括臂架升降、伸缩、转台回转、平台摆动等）提供动力。

2）分散动力装置：整机采用一个或一个以上动力装置，分别驱动行走系统和工作装置。

（3）按传动方式不同，分为机械传动、液压传动和混合传动三种类型。

1）由于工作装置采用机械传动，其结构复杂，操作不便，所以行走系统和工作装置都采用机械传动的机型已基本淘汰。

2）行走系统和工作装置都采用液压传动的机型，其工作装置结构简单，行走系统和工作装置的操作都很方便，整机性能优越，因而被专用底盘的自行式高空作业机械广泛采用。但其造价较高。

3）行走系统采用机械传动，工作装置采用液压传动的机型称为混合传动。其综合性能较好，也被较多采用。

（4）按轮胎不同，分为实芯轮胎和充气轮胎两种类型。

1）实芯轮胎承载大，吸振差。适于在重载、短距离移动、路面平整的条件下使用。

2）充气轮胎吸振好。适于在路面条件较差和长距离移动的情况下使用。

5. 通用自行式底盘

（1）通用汽车底盘

国产高空作业机械大量采用通用汽车底盘为母体，经过改装成为自行式底盘。常采用的底盘型号及主要性能参数见表 6—1：

表 6—1　　常采用底盘型号及主要性能参数

底盘型号	最大作业高度（m）	最大作业幅度（m）	额定起重量（kg）
江铃 JX1021	8	—	150
江铃 NHR54	9	3.5	120
北京 BJ1041	12	536	200
庆铃 NKR55 或 BJ1041	14	6.5	200
东风 EQ1118	21	11	200

（2）通用电瓶车底盘

少量国产高空作业机械采用通用电瓶车底盘改装成自行式底盘。适用于路面较平坦，坡度不大，但对噪声或空气环境要求较严的作业场所。

第七节　高空作业机械的支腿机构

支腿结构是指安装在车架上可折叠或收放的支承结构。它的作用是扩大高空作业机械的支承基面，提高作业的稳定性。支腿安装在底盘上，作业时伸出并且与地面接触，行驶或非工作状态时收回，缩小整机的外形尺寸。

老式的支腿多为折叠式或摆动支腿，由人工收放。在液压技术广泛应用的今天，大部分高空作业机械的支腿均采用液压传动，按其结构特点可分为如下几种。

一、H 形支腿

这种支腿是应用较多的一种形式（见图 6—15）。它主要由固定在车架上的箱形固定支腿和套装在固定支腿内的一节或多节活动支腿及垂直支腿构成。

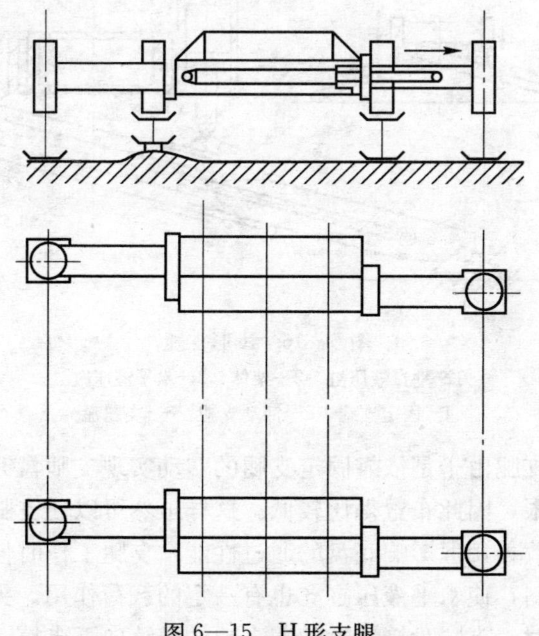

图 6—15　H 形支腿

活动支腿的收放是通过安装在支腿内水平液压缸来驱动的。垂直支腿的升降是由垂直液压缸来带动的。由于 H 形支腿的布置形式与英文字母 H 相似，故称为 H 形支腿。

H 形支腿受力明确，对地面的适应性好，易于调平。使用时，支腿盘接地后无水平运行。由于左右支腿是相互错开的。所以，可实现较大的伸出/缩回比，被广泛地应用在高空作业机械上。

二、X 形支腿

这种支腿的水平伸缩部分与 H 形支腿类似。不同的是其控制支腿垂直运动的垂直液压缸不是安装在活动支腿端部，而是铰接在固定支腿上（见图 6—16）。固定支腿 4 在垂直液压缸 1 的作用下绕其端部的铰点转动，从而实现支腿盘 6 的升降。左右两侧的支腿放下时像英文字母 X，所以称为 X 形支腿。

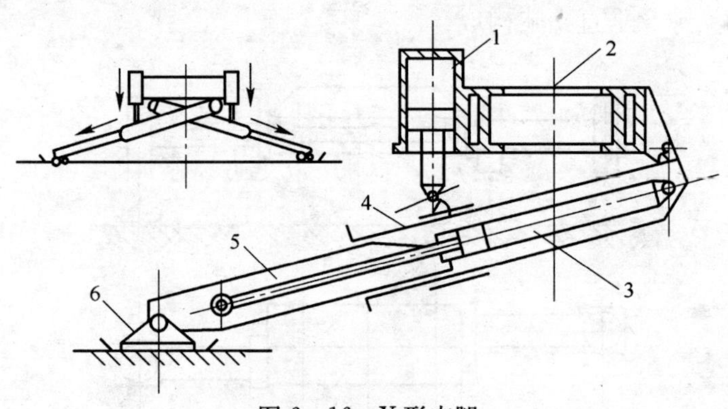

图 6—16　X 形支腿

1—垂直液压缸　2—架体　3—水平液压缸
4—固定支腿　5—活动支腿　6—支腿盘

这种支腿由于是依靠固定支腿的转动实现支腿盘升降的，所以行程有限，因此布置得比较低。这样虽然可以使支腿支承的稳定性有所改善，但影响底盘的通过性能，支腿工作时伸缩部分有一定的倾斜，使水平液压缸 3 也有一定的载荷作用。另外，这种支腿下放时，支腿盘接地后随着支腿的继续向下支撑，支腿盘将有一定的水平移动，应在使用时注意。

三、蛙式支腿

这是一种折叠式的支腿结构，由固定部分、活动部分、液压缸和支腿盘组成。由于其动作方式与蛙的四肢动作相似，因而得名。图 6—17 是一种带滑道的蛙式支腿。

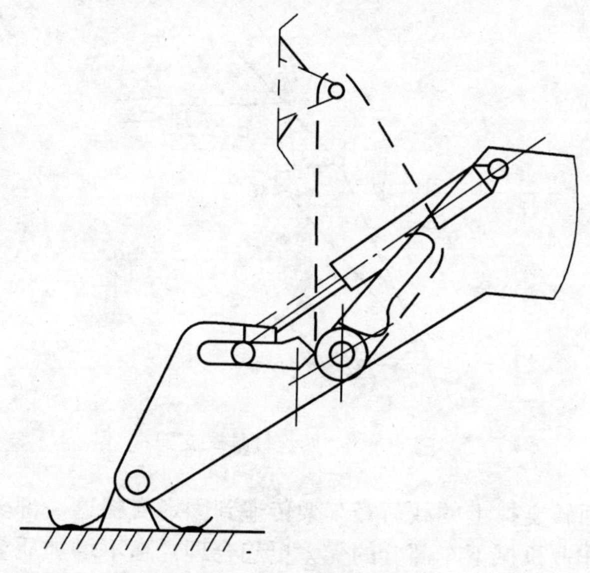

图 6—17　带滑道的蛙式支腿

滑道的采用，在很大程度上改善了液压缸的受力，但由于空间位置的限制，液压缸的闭锁压力仍较大。为了解决这一问题，出现了四连杆蛙式支腿（见图 6—18）。当支腿处于支撑位置时，支腿压力经铰点 5 和接近一条直线位置的三个铰点 1、2、3 直接传到车架上，铰接在铰点 2 上液压缸受力很小。这种形式的支腿对地面的适应性较差，高低不平的地面将影响支腿液压缸的受力。

与其他支腿相比，蛙式支腿结构简单，液压缸数量少，质量轻，布置方便，操作简单。但可实现的支腿跨距有限，支腿盘下放过程中有水平位移。

四、辐射式支腿

这种支腿以车架上的回转中心为中点，从车架上呈辐射状向外伸出四个支腿（见图 6—19）。其主要特点是省去了其他形式

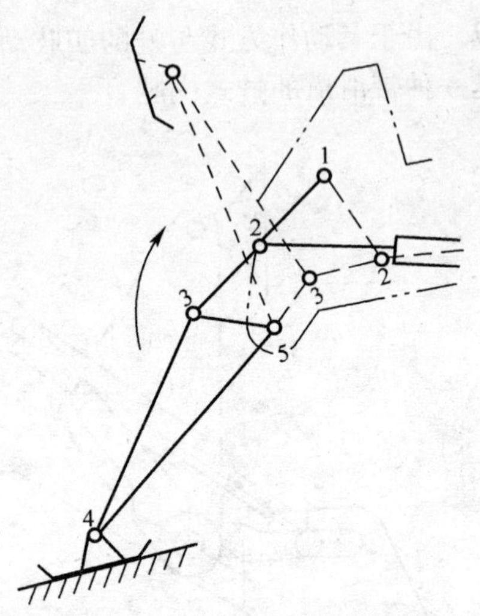

图 6—18　四连杆蛙式支腿

支腿中回转支撑上的载荷经车架传递到固定支腿这一部分，从而使高空作业机械下车部分的受力更趋合理，在不增加质量的前提下，增加了下车的刚度，改善整机的支撑性能。

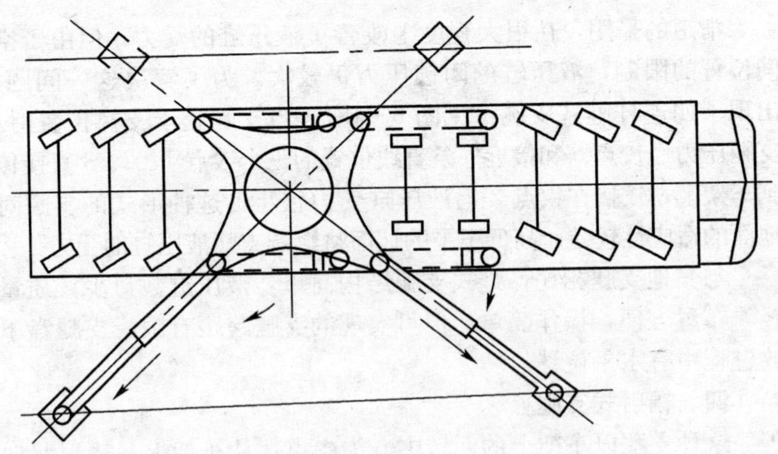

图 6—19　辐射式支腿

第八节　高空作业机械的作业平台

高空作业机械的作业平台分为有护栏与无护栏两种。无护栏平台一般用于生产流水线、自动线的物料举升。凡载人升高作业的平台都必须设置防护栏。

一、作业平台的作用

1. 为作业人员提供安全操作的空间。

2. 装载作业工具及机具。

3. 容纳作业用的物料。

二、作业平台的安全技术要求

1. 平台的强度和刚度应满足承载和作业要求。

2. 平台上应设置醒目的额定载荷标志。

3. 载人平台的底板应具有防滑功能。

4. 平台宽度不得小于 450 mm。

5. 单人作业的平台面积不应小于 0.36 m^2。

6. 平台进出口处的门不得向外开。门的宽度不小于 350 mm。

7. 平台台面上应为每一位作业者备有拴安全带及短索的结点。

8. 进行带电作业的平台，应与支撑的地面绝缘或采用绝缘平台。

9. 载人平台四周应设置防护栏杆。防护栏杆应符合下列条件：

(1) 护栏高度不应小于 1.1 m；

(2) 护栏底部四周应有高度不小于 100 mm 的护围；

(3) 护栏结构应能承受沿水平方向作用在顶栏或中间栏杆上 360 N/m 的负荷。护栏终端栏杆应能承受 900 N 来自各方向对顶杆顶端的外力。

第九节　高空作业机械的安全装置

高空作业机械属于载人高空作业设备，其安全性直接关系到作业人员的人身安全和设备安全。因此，高空作业机械安全装置必须齐全、完善、可靠。并且在作业人员操作不当或误操作时，能自动对各机构、系统，乃至整机进行有效的保护。

一、防整车倾翻装置

整车发生倾翻事故，属于重大安全事故，其后果不堪设想。为此，高空作业机械设置了一系列防止整车倾翻的安全装置。

整车发生倾翻的基本条件是：倾翻力矩大于稳定力矩。整车稳定力矩通常是一个定量，而倾翻力矩在作业中是一个变量。只要严格控制倾翻力矩不超过设定值，便可防止整车倾翻。针对倾翻力矩与作业载荷、作业幅度、倾翻线位置以及整车重心位置相关，高空作业机械设置了下列防止整车倾翻的安全装置。

1. 载质量限制器

当平台内的载质量超过设备的额定载荷时，载质量限制器便自动切断控制回路，使设备不能动作，起到安全保护作用。

现代先进的载质量限制器具有预警功能。当载质量达到90％额定载荷时，限制器便发出断续报警信号，提示操作者已接近额定载荷，此时设备仍可正常动作；当载质量达到额定载荷时，限制器便发出连续报警信号，此时设备无法动作。

2. 作业幅度限制器

为限止高空作业机械的最大作业幅度，在其动臂和伸臂的极限位置都设置了行程限位装置或死挡铁，确保工作时的最大作业幅度不超过极限值。

3. 力矩限制器

力矩限制器可直接限制设备的最大工作力矩。当平台内的载荷所产生的工作力矩达到限定值时，力矩限制器便自动切断控制回路，使设备不能动作，起到安全保护作用。

4. 支腿油缸液压锁

为防止因为油缸漏油或油管爆裂，造成油缸的活塞杆回缩所引发的支腿突然失效（即软腿），使整机因倾翻线变动造成翻车事故的发生，必须在支腿油缸的进油口处安装液压锁。安装时，液压锁与油缸之间不得通过油管连接，必须采用板式直连的方式。

为防止支腿油缸在行车时自行伸出，应在油缸的两个油口处安装双向液压锁。

5. 支腿下陷报警装置

在设备作业过程中，若因地基不实引起支腿下陷时，其报警装置便能及时发出报警信号，以避免翻车事故的发生。

6. 车身倾斜保护装置

为防止因为车身倾斜过度，造成整机重心向不利方向移动而引发倾翻事故，应设置车身倾斜保护装置。当车身倾斜超过安全值时，倾斜保护装置能自动切断相应控制回路，保护设备不发生倾翻。车身倾斜保护装置由倾斜传感器（一般采用水银开关）来控制。

二、限位安全装置

限位安全装置用于限制机构运动范围。

1. 伸臂限位装置

用以限制臂架伸出或缩回超过极限位置的装置，即为伸臂限位装置。该装置用于限制设备的最大作业幅度。

2. 臂架仰角限位装置

用以限制各类臂架的最大或最小仰角的装置，即为臂架仰角限位装置。该装置也用于限制设备的最大作业幅度。

3. 转台回转限位装置

用以限制转台极限回转角度的装置，即为回转角度限位装置。该装置用于对作业角度有限制的高空作业机械或未设置中心回转接头而不能 360°回转的高空作业机械。

三、限压安全装置

1. 液压系统限压装置

(1) 溢流阀

用于限制系统或某一回路的工作压力。

(2) 减压阀

用于同一系统、不同回路之间压力差的调整。

(3) 安全阀

用于限制系统最高工作压力，起安全保护作用。

2. 电气系统限压装置

(1) 电压保护装置

当系统电压高于或低于电压设定的波动值时，能自动切断电源，保护电气系统。

(2) 过电流保护装置

对系统或回路过载、过电流，起自动保护作用。

3. 气压系统限压装置

(1) 安全阀

当系统气压超过限定值时，自动开启，保护系统。

(2) 压力调节器

用于限制系统或某气路的工作压力。

四、运动和操作限制安全装置

1. 平衡阀

通过控制承重油缸的回油量，来控制重物的下降速度，并且使下降运动平稳，减小振动；当回油路的油管意外破裂时，使重物锁止在原位或平稳下降，不致突然跌落。

在高空作业机械的动臂下降和伸缩臂缩回的回油路中必须设置平衡阀，以确保动臂不突然跌落，伸缩臂不突然缩回。

2. 液压锁

确保支腿油缸不软腿或自动外伸。

3. 操作互锁装置

高空作业机械一般在机座和平台上分别设置上、下操作控制盘，以便于操作。但是，两处同时操作时，可能因为动作不一致或多个动作同时进行而引发事故，因此应设置操作互锁装置，以保证作业安全。

五、安全装置使用、维护、保养的注意事项

1. 及时维护保养

由于安全装置对高空作业机械的安全作业和安全行驶至关重要，所以，必须及时、认真地进行维护与保养，使其经常保持良好的技术状态，以起到安全保障作用。

2. 不得用安全装置代替一般操作部件

安全装置是备用的，在紧急异常情况下起安全作用的装置，与一般的日常操作部件不同。不得在正常工作中用安全装置代替一般操作部件。例如，用限位装置代替停车开关等。

3. 不能完全依赖安全装置

任何安全装置都不能确保万无一失，绝对安全。因此，作业人员切不可完全依赖安全装置，仍应该严格遵守安全操作规程，认真按照操作要领和要求进行操作。任何麻痹大意或心存侥幸而违章操作都可能引发事故。

第七章

常见故障及排除方法

高空作业机械的各种机构、系统在使用中都有可能发生故障。由于行走系统的底盘和发动机属于通用机械，所以本章不作具体分析。重点讲述液压系统、电气系统和工作机构部分的故障分析及排除方法。

第一节　液压系统的故障分析及排除方法

一、执行元件工作无力

1. 现象

升降机构、变幅机构、回转机构或支腿的动作缓慢或根本不动作。

2. 原因

系统或某回路的工作压力过低，未达到规定的工作压力。

3. 排除方法

（1）检查溢流阀的调定压力是否过低：内部是否被卡住或未关闭严实。重新调整溢流阀的压力，必要时清洗或更换溢流阀。

（2）检查液压油油位、油温和油质是否符合要求。液压系统正常工作的油温为 30～70℃。必要时补充液压油，降低油温或换油。加油或换油时，应注意不同牌号的液压油不得混用。

（3）检查油泵工作是否正常，泵内部是否过度磨损，密封件是否窜油。必要时更换失效的零件。

(4) 检查滤清器是否堵塞。必要时清洗或更换滤芯。

(5) 检查压力表是否损坏。必要时更换。

(6) 检查相关元件是否窜油、漏油。必要时更换。

(7) 检查相关元件是否有阻塞现象。必要时清洗、疏通。

(8) 检查油缸或液压马达的密封件是否损坏，精密配合偶件是否磨损过度而窜油。必要时更换密封件或修复损坏件。

二、执行元件受力回缩

1. 现象

受力后油缸回缩，无法长时间停留在工作位置上。

2. 原因

油缸本身或其进油回路泄漏。

3. 排除方法

(1) 油缸的密封件损坏或缸筒内壁磨损过度或有严重的纵向划痕，导致其内部渗漏或窜油。必要时更换密封件或缸筒。

(2) 换向阀内部泄漏。必要时更换密封件或修复阀体更换阀芯。

(3) 进油回路的单向阀、平衡阀或液压锁内部泄漏。必要时更换或修复相应零件。

(4) 进油回路的单向阀或平衡阀的回位弹簧损坏。必要时更换弹簧。

三、执行元件运动时爬行或抖动

1. 现象

油缸伸出或缩回时执行元件爬行或抖动。

2. 原因

系统内部渗入空气。

3. 排除方法

(1) 长时期不工作的液压系统，再次工作前应进行排气。必要时，可将安装位置较高的管接头拧松进行排气。

(2) 若因油面过低，导致油泵从吸油口吸入空气，应及时补充液压油。

（3）若因元件或管件密封不严，导致系统内部混入空气，应及时更换元件或修复泄漏处。

四、油泵噪声过大

1. 检查是否因油位过低，导致油泵吸空。必要时补油。

2. 检查液压油黏度是否过高。必要时更换黏度较低的液压油。

3. 检查油泵进油管接头是否漏气。

4. 检查吸油滤清器是否堵塞。清洗或更换滤芯。

5. 检查油泵安装螺栓是否松动。拧紧螺栓。

第二节　电气系统及机械部分的故障分析及排除方法

一、接通电源无任何动作

1. 转换开关位置错误

若控制台车操作/平台操作的转换开关的位置错误，则操作被锁止。只要将转换开关扳至正确位置即可正常操作。

2. 急停开关未复位

急停开关被按下后不能自动复位。必须反向旋转按钮，手动复位后方可进行操作。注意：在手动复位前，必须先确认导致按下急停开关的故障或险情已经排除。

3. 漏电保护器未复位

漏电保护器动作后，需要重新合闸方可正常工作。注意：在重新合闸前，必须查明漏电原因并排除。

4. 蓄电池电压过低

当蓄电池电压低于额定电压的80％时，设备将无法正常工作。当蓄电池电压接近额定电压的85％时，就应及时充电。

5. 主接触器失效

电路主接触器失效，则无法接通各控制回路。应修复或更换主接触器。

6. 电动机故障

电动机未接通电源或电动机损坏。应修复或更换电动机。

二、车辆无法正常行走

工作装置动作正常，只是无法行走，可能的原因如下：

1. 行走/作业选择开关处于作业位置

此时行走控制回路被锁止。只需将选择开关扳至行走位置即可。

2. 转台回转不到位

转台未回转到行走时规定的位置，则行走控制回路被锁止。必须将转台回转到位。

3. 臂架或支腿回收不到位

对于要求臂架和支腿完全收回后才能行走的高空作业机械，必须将臂架和支腿回收到位。否则行走控制回路将被锁止。

4. 作业幅度超限

对于要求在一定作业幅度内才能行走的高空作业机械，当作业幅度超限时，行走控制回路被锁止。必须将作业幅度缩小至规定范围后，方可行走。

5. 路面坡度超限

当路面坡度超过车身倾斜传感器设定值时，车辆将无法向原方向行驶。此时必须将车辆反方向行驶，待锁止解除后，再另选道路行驶。

6. 行驶控制器失效

行驶控制器损坏或失灵，无法接通行驶控制回路。应修复或更换控制器。

三、无法起升或变幅

1. 行走正常，支腿动作正常，只是无法起升和变幅

(1) 行走/作业选择开关处于行走位置

此时，作业控制回路被锁止，既不能起升，也不能变幅。只需将选择开关扳至作业位置即可。

（2）车身未调整水平

此时，作业控制回路被锁止。将车身调整至正常作业规定的水平要求后，车身倾斜传感器便自动解除锁止状态。

2. 无法起升或变幅

（1）相应回路的接触器或电磁阀未吸合

检查相应回路的接线、接触器和电磁阀线圈、电磁铁心等是否正常。

（2）起升或变幅控制器失效

起升或变幅控制器损坏或失效，无法接通起升或变幅控制回路。应修复或更换控制器。

（3）臂架被卡住

由于臂架变形严重被卡住或臂架被其他物体卡住（此时常伴有异常声响）。必须及时解除被卡物体或对臂架进行修复。

第三节　常见故障、原因及排除方法

为使操作者能了解和易于掌握，本节专门列表介绍工作装置常见故障、原因及排除方法，见表7—1。

表7—1　　工作装置常见故障、原因及排除方法

故障	原因	排除方法
整个电气控制系统不通电	1. 蓄电池无电	充电或更换
	2. 熔断器烧断	更换
	3. 蓄电池开关失效	更换
	4. 蓄电池继电器不良或接地不良	更换、接好
	5. 连接器接触不良或断路	修理
上部操作装置或下部操作装置电源不能接通	1. 熔断器烧断	更换
	2. 上、下操作开关失效	更换
	3. 脚踏开关失效	更换
	4. 连接器接触不良或断路	修理

续表

故障	原因	排除方法
发动机不能启动或突然停机	1. 发动机启动开关失效 2. 启动继电器或启动电动机不良 3. 发动机停止、继电器或发动机停止、电磁阀失效 4. 紧急停止开关处于断开状态 5. 连接器接触不良断路	更换 修理更换 更换 接通此开关再按一次 修理
发动机预热时，预热指示器不显示	1. 发动机预热指示器断路 2. 预热开关失效 3. 连接器接触不良或断路	更换 更换 更换
发动机转速不稳	1. 油门开关失效 2. 油门杆系失效 3. 连接器接触不良或断路	更换 更换 更换
行走速度不能转换（从高速向低速或从低速向高速）	1. 高低速行走转向开关失效 2. 继电器失效 3. 电磁阀失效 4. 连接器接触不良或断路	更换 更换 更换 更换
无法进行紧急停止操作	1. 紧急停止开关失效 2. 发动机停止电磁阀失效	更换 更换
紧急液压泵不动作	1. 紧急液压泵开关失效 2. 紧急液压泵继电器失效 3. 液压马达和液压泵组件失效 4. 连接器接触不良或断路	更换 更换 更换 更换
报警器不响或一直响不停	1. 报警器开关失效 2. 报警器失效	更换 更换
扬声器不响或一直响不停	1. 扬声器开关失效 2. 扬声器失效	更换 更换

续表

故障	原因	排除方法
发动机启动时机油压力灯不亮，或发动机开始运转后灯不熄灭	1. 灯泡损坏 2. 压力传感器失效 3. 油底壳机油量不够	更换 更换 添加
燃油表不动作或指针动作不正常	1. 燃油表失效 2. 燃油传感器失效 3. 燃油量不够	更换 更换 添加
水温表不动作或指针动作不正常	1. 水温表失效 2. 水温传感器失效 3. 水箱水量不够	更换 更换 添加
计时器不动作或动作不正常	计时器失效	更换
大灯或作业灯不亮	1. 灯泡损坏 2. 操作开关失效 3. 连接器接触不良或断路	更换 更换 修理
方向指示器不动作或动作不正常	1. 灯泡损坏 2. 操作开关失效 3. 连接器接触不良或断路	更换 更换 修理
液压泵发出噪声	1. 液压油量不足 2. 油管接头进入空气 3. 安装螺栓松动 4. 液压油脏污 5. 联轴节磨损 6. 联轴节安装螺栓松动 7. 液压泵失效	加油 修理 将螺栓拧紧 清洗或更换滤清器 更换 拧紧螺栓 更换

续表

故障	原因	排除方法
车桥扩张升降油缸不能伸出或缩回，或动作迟缓	1. 溢流阀调定压力过低 2. 控制阀失效 3. 液压单向阀失效 4. 油缸内部漏油（油封磨损）	调高 修理或更换 修理或更换 修理或更换
车桥不能扩张（收存）或动作迟缓	1. 控制阀失效 2. 油缸内部漏油（油封磨损）	修理或更换 修理或更换
起升油缸自然下沉	1. 控制单向阀失效 2. 油缸内部漏油（油封磨损）	更换 修理或更换
回转机构不回转或动作迟缓	1. 溢流阀调定压力过低 2. 控制阀失效 3. 平衡阀失效 4. 液压马达失效 5. 回转机构减速器失效 6. 电气系统故障	调高 修理或更换 更换 更换 更换 修理
悬臂不能升臂或动作迟缓	1. 溢流阀调定压力过低 2. 控制阀失效 3. 手动降臂手柄处于松弛状态 4. 油缸内漏油（油封磨损） 5. 电气系统故障	调高 更换 将手柄拧紧 修理或更换 修理
悬臂不能降臂或动作迟缓	1. 控制阀失效 2. 平衡阀失效 3. 电气系统故障	修理或更换 修理或更换 修理
进行缩臂操作时悬臂反而升起	手动降臂用手柄处于松弛状态	将手柄拧紧
悬臂自然下降	1. 油缸内漏油（油封磨损） 2. 平衡阀失效	修理或更换 更换

续表

故障	原因	排除方法
悬臂伸不出或动作迟缓	1. 溢流阀调定压力过低 2. 控制阀失效 3. 手动降臂用手柄处于松弛状态 4. 液控单向阀失效 5. 油缸内漏油（油封磨损） 6. 电气系统故障	调高 更换 将手柄拧紧 更换 修理或更换 修理
悬臂缩不回或动作迟缓	1. 控制阀失效 2. 平衡阀失效 3. 电气系统故障	修理或更换 修理或更换 修理
起臂时悬臂不升反而缩回	手动降臂用手柄处于松弛状态	将手柄拧紧
悬臂自然回缩	1. 平衡阀失效 2. 油缸内漏油（油封磨损）	修理或更换 修理或更换
悬臂变幅角在0°以下时悬臂自然伸出	1. 液压单向阀失效 2. 油缸内漏油（油封磨损）	修理或更换 修理或更换
作业台不能横向摆动或动作迟缓	1. 溢流阀调定压力过低 2. 控制阀失效 3. 液压马达失效 4. 电气系统故障	调高 修理或更换 修理或更换 修理
作业车不能行走或断续行走	1. 溢流阀调定压力过低 2. 控制阀失效 3. 平衡阀失效 4. 行走马达失效 5. 电气系统故障	调高 修理或更换 修理或更换 修理或更换 修理或更换
行走制动失效或打滑	1. 多用阀失效 2. 平衡阀失效 3. 行走马达失效 4. 制动蹄摩擦片与制动鼓之间有油污	修理或更换 修理或更换 修理或更换 清除油污

续表

故障	原因	排除方法
行走不能转向或转向动作迟缓	1. 溢流阀调定压力过低 2. 控制阀失效 3. 转向油缸内部漏油（油封磨损） 4. 电气系统故障	调高 修理或更换 修理或更换 修理
行走时不能直线行走（自然向左或向右移动）	1. 左右轮胎气压不均匀（充气胎） 2. 左右轮胎磨损量不均匀 3. 油量分配汇流阀失效 4. 左边或右边行走马达失效 5. 转向油缸、横向拉杆、安装销磨损 6. 左、右转向节间隙不同	按标准气压调至相同 更换轮胎 修理或更换 修理或更换 更换安装销 调至相同
全自动力矩限制器动作失效	1. 熔断器失效 2. 连接器接触不良，过断路 3. 全自力矩限制器失效	更换 修理 修理
作业台自然倾斜	1. 作业台调平手柄处于松弛状态 2. 液控双向阀失效 3. 安全阀失效 4. 油缸内漏油（油封磨损）	将手柄拧紧 修理或更换 修理或更换 修理或更换
作业台不能调平	1. 控制阀失效 2. 作业台调平手柄失效 3. 液压双向阀失效 4. 安全阀失效 5. 电气系统故障	修理或更换 修理或更换 修理或更换 修理或更换 修理

第八章
维护与保养

任何机械设备在使用过程中，由于各种因素的影响，它的各个机构及零件将随着使用时间的增加而产生不同程度的自然松动、变形、磨损和机械损伤。若不及时进行必要的技术保养，作业机械的动力性、经济性将会变坏，安全可靠性亦将随之降低，甚至发生意外的损坏和事故。要保持其长期处于良好的技术状态，延长其使用寿命，及时消除其隐患，确保其安全运行，都离不开正确、合理、科学和到位的维护与保养。

高空作业机械的保养以预防为主，根据高空作业车各种机件在不同使用条件下发生自然松动和磨损的规律性，对高空作业车定期保养和加注油润滑，以降低零件的磨损度，防止事故和故障的发生。

第一节　高空作业机械的日常保养

一、日常保养的基本要求

1. 日常保养周期

日常保养也称例行保养，要求每班进行一次。

2. 日常保养人员

日常保养由设备操作人员负责进行。

3. 日常保养的中心工作

日常保养的中心工作是：清洁、检查、润滑、紧固、调整。

二、日常保养的基本内容

1. 清洁

及时清除作业中残留的污物，保持整机清洁。对作业时人员蹬踏之处，要注意清除油渍。

2. 检查

（1）检查并及时补充机油、燃油、液压油、冷却水和电瓶液等；

（2）检查制动器、转向器、灯光、扬声器、仪表和安全装置是否正常有效；

（3）检查各操纵机构的功能是否正常，反应是否灵敏；

（4）检查结构件有无裂纹或永久变形；

（5）检查液压系统有无漏油、噪声、振动等异常现象；

（6）检查液压元件的动作或功能是否正常。

3. 润滑

按定时间、定部位、定用量、定润滑剂的“四定”要求对设备进行润滑。

4. 紧固

对螺栓等紧固件进行紧固，防止松动。对有力矩要求的螺栓，要使用力矩扳手进行检查和紧固。

5. 调整

对制动器、转向器、液压系统、安全装置等按规定进行必要、合理的调整。

第二节　高空作业机械的定期保养

一、定期保养的基本要求

1. 定期保养周期

对于连续作业的设备，每三个月应进行一次定期保养；

对于断续作业的设备，累计作业 250～300 h 进行一次定期保养；

对于两个月以上未作业的设备，在作业前应进行一次定期保养。

2. 定期保养人员

以专业维修人员为主，设备操作人员为辅进行定期保养。

二、定期保养的基本内容

1. 日常保养的全部内容

（1）底盘部分

底盘部分按照车辆定期保养的要求与方法进行。

（2）结构部分

检查结构部分有无明显的永久变形，母材和焊缝有无裂纹；臂架端部的销轴和轴套是否松动、磨损或损坏。必要时进行修复或部分换件。

（3）机械传动部分

检查减速器、传动轴、变速箱、联轴器和取力器等各部件连接是否松动，配合是否正常，有无异常声响或过热现象；箱体有无裂纹或漏油现象；操作机构是否磨损、松动。必要时更换或修复。

（4）液压传动部分

检查油泵连接有无松动或损坏，有无异常声响、振动或过热现象；吸油状态和输油压力是否正常。

1）检查油缸或液压马达有无爬行、振动或抖动现象，活塞杆有无刮伤或弯曲；

2）检查操纵阀和控制阀的动作是否正常，有无卡阻现象；

3）检查溢流阀和安全阀的测定压力；

4）检查平衡阀和液压锁有无内部泄漏，工作是否正常；

5）检查滤清器是否堵塞，必要时清洗或更换滤芯；

6）检查和紧固各元件的固定螺栓及管接头；

7）检查密封件及软管是否老化或损坏；

8）检查液压油是否变质、污染；油量及清洁度是否符合要求；

（5）电气部分

1）检查和测量各部绝缘电阻；

2）检查各部接线、接头紧固情况，电线绝缘层是否损坏或老化，必要时进行调整或修复；

3）检查发电机、电动机和启动马达的电刷与整流子（即换向器）的接触情况。当电刷磨损 2/3 时，应更换；

4）检查接触器触点是否烧蚀。轻微烧蚀可用 0＃砂布打磨修复，使触点接触面达到 60％以上；对烧蚀严重的触点予以更换。

5）检查各电气元件及仪表有无异常或损坏，必要时修复或更换。

三、定期检查部位及检查内容

表 8—1 为高空作业机械定期检查部位及内容。

表 8—1　　高空作业机械定期检查部位及内容

检查部位		检查内容
液压系统	液压泵	1. 有无噪声和发热现象 2. 有无漏油 3. 吸油管路状态 4. 安装部位有无松动
	液压油箱	1. 油箱有无漏油 2. 有无变形或裂缝 3. 液压油的污染度
操作装置	上下操作盘	1. 各仪表、指示灯的动作状态 2. 各开关、手柄操作是否灵活准确 3. 操作杆有无游隙 4. 安装部位有无松动
	控制阀	1. 是否灵活有效 2. 有无漏油 3. 油管、软管接头有无松动和老化现象 4. 安装部位是否松动

续表

检查部位		检查内容
车桥油缸	升降油缸液压单向阀	1. 动作是否灵活准确 2. 有无漏油 3. 是否自然下降 4. 安装部位是否松动 5. 油管、软管接头有无松动和老化现象
	车桥扩张油缸	1. 动作是否灵活、准确 2. 有无漏油 3. 支点销的安装情况 4. 油管、软管接头有无松动和老化现象
	车桥	1. 有无裂纹和变形 2. 滑动表面有无划伤
回转机构	回转马达 回转机构 减速器 横向摆动轴承	1. 动作是否灵活、准确 2. 有无漏油 3. 齿轮油的油量 4. 安装部位是否松动 5. 油管、软管接头是否松动或老化 6. 齿轮箱有无裂纹和损坏 7. 齿轮油的污染度 8. 外表有无划伤和损坏
	回转接头	1. 动作是否灵活、准确 2. 有无漏油 3. 安装部位是否松动
悬臂伸缩机构	悬臂	1. 有无裂纹、变形和损坏 2. 支点销安装是否良好 3. 滑动表面有无划伤 4. 滑动表面润滑是否良好
	悬臂伸缩油缸 平衡阀	1. 动作是否灵活、准确 2. 有无漏油 3. 是否突然下降 4. 油管接头有无松动 5. 软管有无老化、变形

续表

检查部位		检查内容
悬臂伸缩机构	钢丝绳	1. 直径磨损情况（直径磨损达7%应更换） 2. 断丝情况（一个捻距内同向捻断丝达5%，交互捻断丝达10%时应更换） 3. 扭结和变形情况（严重扭结变形应更换） 4. 锈蚀情况（外层钢丝磨损或锈蚀达40%应更换） 5. 润滑状态 6. 张紧状态
悬臂变幅机构	悬臂变幅油缸	1. 动作是否灵活、准确 2. 有无漏油 3. 是否自然下降 4. 支点销安装是否良好 5. 软管有无老化变形 6. 油管接头有无松动
	平衡阀	1. 动作是否灵活、准确 2. 有无漏油 3. 油管接头有无松动
行走机构	轮胎	1. 有无漏气和损伤 2. 轮胎槽内深度以及有无异常磨损 3. 槽内（胎纹）有无夹杂金属片、石块或其他东西 4. 轮毂螺母是否松动
	驱动轮 马达 平衡阀	1. 动作是否灵活、准确 2. 有无漏油 3. 齿轮油的油量及污染度 4. 油管、软管接头有无松动和老化现象 5. 轮毂轴承有无松动和噪声以及润滑情况
	车桥	1. 有无裂纹变形和扭曲 2. 轮毂轴承有无松动和噪声以及润滑情况

续表

检查部位		检查内容
转向机构	转向油缸	1. 动作是否灵活、准确 2. 有无漏油 3. 支点销安装是否良好 4. 油管、软管接头是否松动和老化现象
	横向拉杆	1. 安装部位是否松动和松弛 2. 有无弯曲和损坏 3. 支点销安装是否良好
作业平台机构	作业平台	1. 有无裂纹、变形和损坏 2. 作业平台门开关是否正常 3. 安装部位有无松动
	作业平台横向摆动装置	1. 动作是否灵活、准确 2. 有无漏油 3. 液压马达安装是否紧固 4. 软管接头有无松动 5. 软管是否老化和变形
	自动调平装置	1. 动作是否灵活、准确 2. 有无漏油 3. 是否自然倾斜 4. 支点销安装是否良好 5. 油管、软管有无松动 6. 软管接头是否老化和变形
安全装置	全自动力矩限制器	1. 指示灯是否指示 2. 自动停止状态 3. 自动变速（行驶）功能
	紧急停止装置	1. 动作是否灵活
	紧急液压泵	1. 动作是否灵活、准确 2. 有无漏油 3. 安装是否紧固 4. 油管接头有无松动
	手动降臂装置	1. 动作是否灵活、准确 2. 有无漏油 3. 操作手柄安装是否松弛

第三节 蓄电池的维护与保养

蓄电池是机动车必不可少的电源。对于以蓄电池为动力的高空作业机械来说，蓄电池的维护与保养就显得尤为重要，直接关系到它的使用和寿命，所以，搞好蓄电池的维护与保养十分重要。

一、蓄电池的日常保养

1. 要及时充电

由于过放电会缩短蓄电池的使用寿命，所以，当蓄电池单格电压下降至 1.7 V 之前，应及时充电，其搁置时间不宜超过 20 h。

2. 充满电时要及时停充

由于过充电会使蓄电池极板的活性物质脱落，造成容量不足，所以，当蓄电池单格电压充至 2.7 V 时，应及时停止充电。

3. 检查和补充电解液

电解液液面过低，会使外露的极板上的硫酸铅无法还原，缩短其使用寿命，所以应经常检查其液面高度（液面高于极板10～15 mm 为宜），并且及时补充电解液。

4. 检查和调整电解液的密度

电解液的密度随温度和电压高低而变化。温度越高密度越小，电压越高密度越大。一般在充电结束时测量电解液的密度。标准规定，电解液的密度，夏季为 1.26～1.28 g/cm^3，冬季为 1.28～1.30 g/cm^3。

当电解液密度偏小时，应适当添加硫酸溶液，反之，应添加纯净水（如蒸馏水）。

5. 清洁蓄电池表面

清洁蓄电池表面和极柱上的污物及电解液，避免引起蓄电池自放电或腐蚀周围的零部件，保持蓄电池通气孔畅通。

二、蓄电池充电注意事项

1. 蓄电池初次充电时，中途不得停止充电。以免影响蓄电池容量和使用寿命。

2. 严格按照充电的相关程序进行充电。

3. 电解液温度超过 45℃时，应减小充电电流或暂停充电或采用其他冷却措施。

4. 充电应尽量连续进行。若中途较长时间停止充电，会使极板硫化。

5. 在充电过程中，应经常检查蓄电池的电解液密度和温度。

三、蓄电池充电的安全事项

1. 充电时，必须在通风良好的充电室内进行。

2. 充电室内不准存放易燃易爆品。

3. 充电室内严禁明火。

4. 充电室的地面、墙面和台面应采用耐酸材料。

5. 充电室内所有电器都必须采用防爆型。

6. 充电的蓄电池，其极柱必须采用锻铅夹子紧密连接。不得采用其他金属夹子连接。以免产生火花，引起蓄电池内气体爆炸。

7. 在电源至蓄电池的导线接头未接好之前，严禁合闸，以免打火。

8. 中途停电或充电设备发生故障时，必须立即切断电源，关闭充电设备，防止电流倒流引起爆炸。

9. 充电室内应备有充足的消防器材。

10. 充电室内应备有浓度为 10％的苏打水溶液。

11. 充电设备应由专人操作。操作人员应穿戴防酸服装。

第四节　定期注油润滑

高空作业机械每工作 100 h 或一个月需进行润滑，其注油部位如图 8—1 所示。各部位注油周期见表 8—2。

表 8—2　　各部位注油周期

部位	注油时间				备注
	3 个月 (150 h)	6 个月 (300 h)	1 年 (600 h)	2 年 (1200 h)	
转盘轴承	√				
转向节	√				
驱动减速器			√		每 160 h 检查 600 h 更换
作业臂主轴	√				
转盘减速器			√		每 160 h 检查 600 h 更换
液压油回路过滤器		√			最初 50 h 更换 其后 300 h 更换
液压油压力滤清器		√			最初 50 h 更换 其后 300 h 更换
各油缸		√			
液压油				√	每天检查，油量不足时应及时添加，每 1 200 h 更换

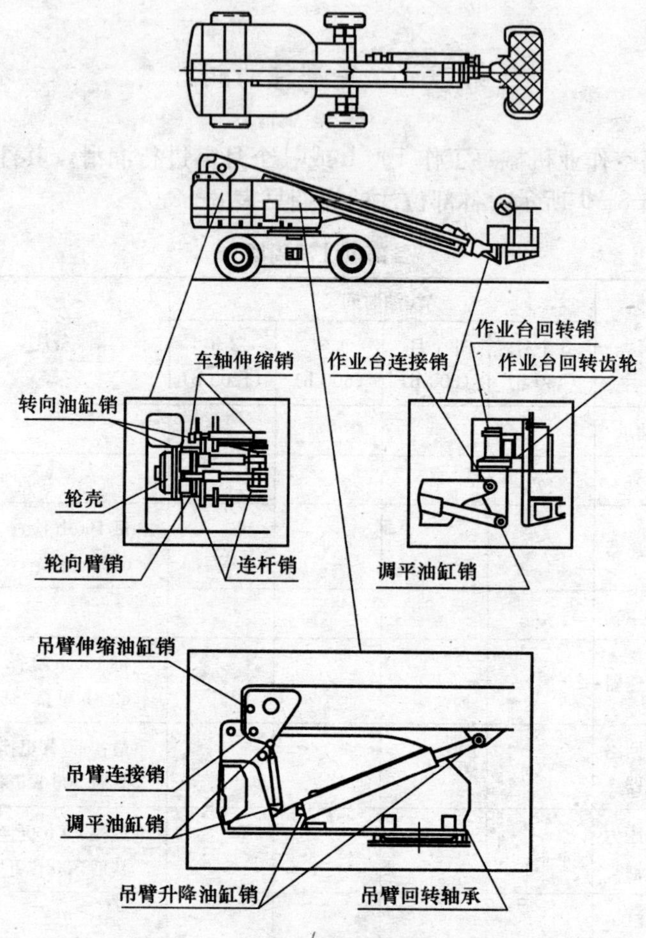

图 8—1　定期注油润滑的部位示意图

第九章
常见事故的预防

事故是人的不安全行为和物的不安全状态两大因素作用的结果。换言之，人的不安全行为和物的不安全状态是潜在事故的隐患。事故预防就是消除人和物的不安全因素，实现作业行为和作业条件安全化。为此，操作者就要提高安全意识，严格遵守各项安全规章制度，以保证作业安全。

常见事故的预防，主要有以下几种。

一、防止电击事故（见图 9—1）

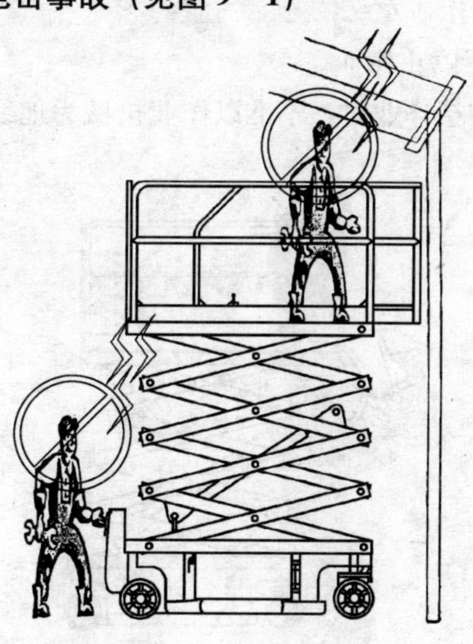

图 9—1　电击事故

1. 高空作业机械并不绝缘，没有触电保护。

2. 与电源线应保持安全距离（见表 9—1）。

表 9—1　　电源线安全距离

电压	最小的安全距离/m
0～300 V	禁止触摸
0.3～50 kV	3.05
50～200 kV	4.60
200～350 kV	6.10
350～500 kV	7.62
500～750 kV	10.67
750～1000 kV	13.72

3. 注意作业台的位移范围或强风、阵风造成的电线摆动范围。与电源线保持应有的安全距离。

4. 当车某部位接触带电的电线时，地面或作业台上的人员禁止触摸或操作作业车。

5. 雷雨天要停止作业。

6. 在进行焊接作业时，不准以作业机械为地线使用如图 9—2 所示。

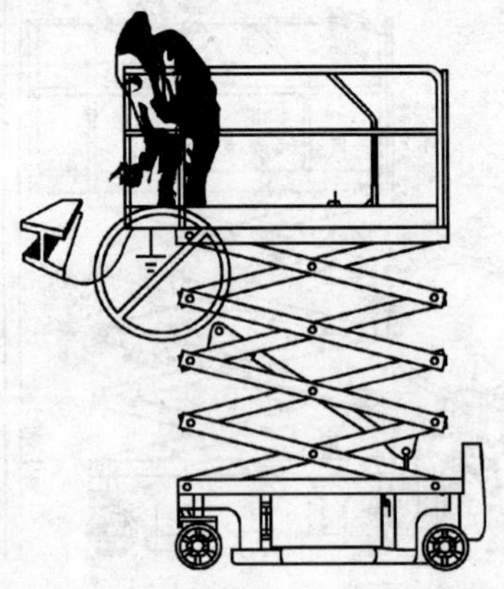

图 9—2　不准用作业机械为地线

二、防止倾翻事故（见图 9—3）

1. 作业台上的人员和设备不得超过作业台最大承载量（250 kg）。

2. 只有当两个车轴都延伸固定后，作业臂才能伸臂旋转或变幅，如图 9—4 所示。

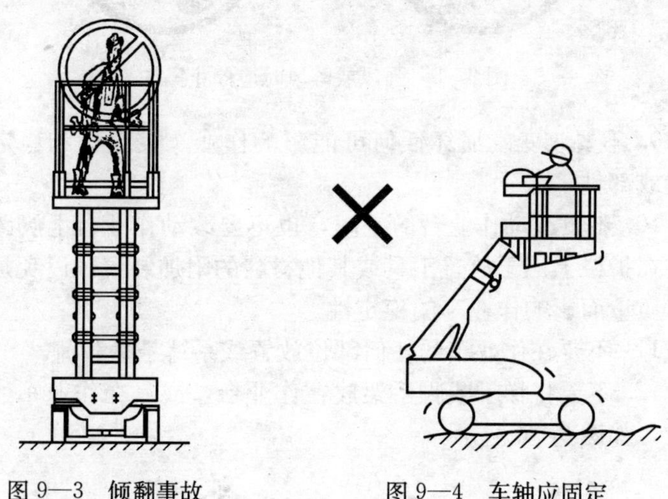

图 9—3　倾翻事故　　　　图 9—4　车轴应固定

3. 只有当作业车在坚固、平坦的地面上时，才能升臂、伸臂、旋转或变幅。

4. 不要把倾斜报警器当成水平指示器。因为只有当作业车严重倾斜时，作业台上的倾斜报警器才会鸣响。

5. 如果倾斜报警器鸣响，不要操作升臂、伸臂或提升作业台，而应十分小心地进行缩臂操作，降低作业台并将车慢慢移动到坚固、较平的地面上。

6. 强风或阵风时应停止操作，不要扩大作业台面积或增加负载，以免影响作业车的稳定性，如图 9—5 所示。

7. 当作业车在不平坦、有碎石、光滑的路面或靠近洞口、陡坡等处行驶时，不得升臂或伸臂，并要小心驾驶和降低车速。

8. 不要推拉处在作业台外的任何物体。

图 9—5　强风或阵风时应停止操作

9. 不要改变或损坏任何可能影响作业车安全性和稳定性的装置或部件。

10. 不要改动作业台的空间，也不要改动作业台上脚踏板或安装在护栏上用于放置工具或其他材料的附加装置，以免加大作业台质量而影响作业车的稳定性。

11. 不要在作业车的任何部位放置或系缚悬垂载荷。

12. 不要将梯子或脚手架放在作业台，或靠在作业车的任何部位，如图 9—6 所示。

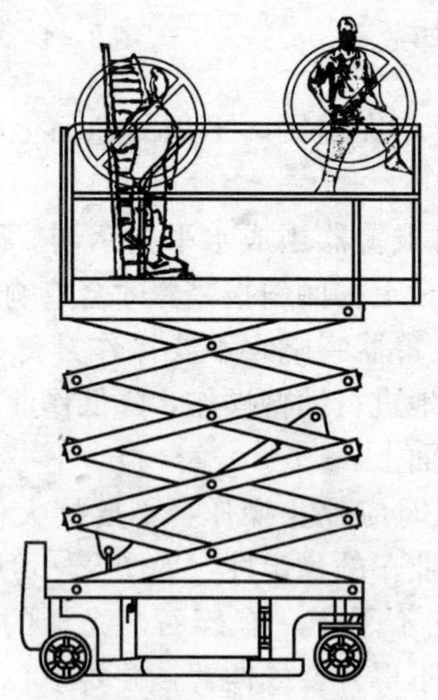

图 9—6　禁止将梯子放在作业台内

13. 不要使用充气轮胎，要用实芯轮胎以防因轮胎漏气而造成作业车失去平衡。

14. 当作业台被绊住、卡住或由于其他附件物妨碍其正常运动时，不要使用作业台释放器释放作业台。在打算利用地面控制器释放作业台之前，所有人员必须设法离开作业台。

15. 作业车行驶时不要操作工作臂升、降或伸缩以防重心发生变化造成倾翻，见图 9—7。

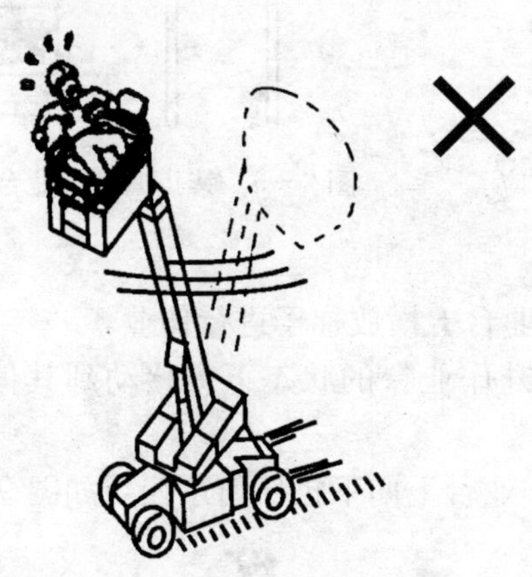

图 9—7　行驶时勿操作悬臂

三、防止坠落事故

1. 作业台上的作业人员必须佩戴安全带或使用符合规定的安全设施，并将安全带系在作业台的固定点上。

2. 不要站、坐或趴在作业台防护栏上，任何时候都应稳定站在作业台地板上。

3. 作业台起升后不要从工作臂上爬下来。

4. 保持作业台地板应无碎屑杂物、无油污，以防滑倒。

5. 操作作业台之前必须关闭作业台入口门。

6. 在作业台上操作时，两脚要稳站在作业台地板上，动作要稳当，如图 9—8 所示。不要紧急操作或乱操作。

7. 不要离开作业台进行作业，如图 9—9 所示。

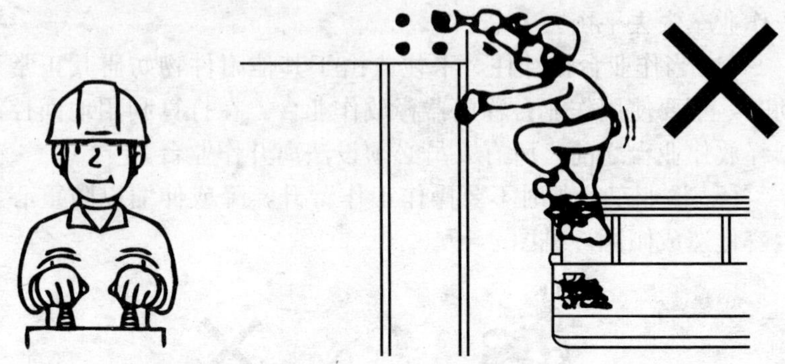

图 9—8　在操作时应站稳在作业台上

图 9—9　禁止离开作业台进行作业

8. 禁止在作业台上横放梯子进行作业。

9. 不要在提升作业台的状态下，移动到其他地方或跨越到其他地方。

10. 不要从作业台上向下扔任何东西，如图 9—10 所示。

图 9—10　禁止从作业台上向下扔任何东西

四、防止碰撞事故

1. 开动或操作时，要注意视线范围及盲点的存在。

2. 旋转转盘时，要注意工作臂的位置、高度和转盘的尾部。

3. 操作前要检查作业区上空及周围有无障碍物或其他可能碰撞的危险物，如图 9—11 所示。

图 9—11　碰撞危险物

4. 千万不要用手抓住作业台防护栏，以防发生挤压的危险。

5. 操作时，作业人员要戴上合格的安全帽。

6. 应观察清楚作业台控制器和驱动底盘上的行驶和转向功能，按色标箭头指示的方向进行操作。

7. 下方区域无人员、无障碍时，才能操作下降工作臂。

8. 根据地面状况、拥挤程度、坡度、人和物位置以及可能引起碰撞的任何其他因素，限制行进速度，小心驾驶。

9. 其他吊车在作业时，不要在其作业下方进行升臂或伸臂，以防发生碰撞。

五、防止部件损坏

1. 不要用大于 12 V 的蓄电池或充电器来启动发动机。

2. 每次启动时间不得超过 5 s，再次启动时两次之间要相隔 15 s。连续三次都不能启动应检查。

3. 发动机启动后应立即松开启动按钮，使启动机停止转动，否则会打坏齿轮。

4. 不要在焊接作业时将作业车作地线用。

5. 启动发动机前要切记打开液压截止阀（可以在液压油箱上找到），保证液压油路畅通。

六、防止爆炸和起火事故

1. 如果闻到或察觉到液化石油气、汽油、柴油味或其他气味时，不要启动发动机。

2. 发动机运转时不要给发动机加油。

3. 检查油箱油量时，要用手电筒，不得用明火照明。

4. 在作业中闻到焦臭味，应立即停机，检查电路是否短路着火。

5. 作业车不能在危险或可能存在易燃易爆气体或微粒的地方进行操作。

参考文献

罗振辉等．高空作业车．哈尔滨：哈尔滨工程大学出版社，2010．1.

附录一

高空作业机械安全规则 JB 5099—1998

1 范围

本标准规定了高空作业机械的设计、制造、使用、维护和管理等的安全技术要求。

本标准适用于高空作业平台、高空作业车，其他高空作业机械也可参照执行。

2 引用标准

下列标准所包含的条文，通过在本标准中引用而构成为本标准的条文。本标准出版时，所示版本均为有效。所有标准都会被修订，使用本标准的各方应探讨使用下列标准最新版本的可能性。

GB 3323—87 钢熔化焊对接接头射线照相和质量分等

GB 3766—87 液压系统通用技术条件

GB 5972—86 起重机械用钢丝绳检验和报废实用规范

GB 9465.2—88 高空作业车技术条件

3 定义

本标准采用下列定义。

3.1 高空作业机械 aerial work machinery

用来运送工作人员和使用器材到指定高度进行作业的特种工程车辆与设备的统称（包括高空作业平台、高空作业车）。

3.2 调平机构 levelling mechanism

在整机工作过程中用来保持平台成水平状态的机构。

3.3 稳定器 stabilizer

用来保持高空作业机械稳定的装置，对整机不起调平作用。

3.4 限位装置 limiting device

用来限定运动部件工作范围的装置。

3.5 辅助下落装置 auxiliary landing gear

在主动力装置失效等事故发生后，可以使平台降落到起始位置的备用装置，包括备用动力等。

4 结构设计与制造

4.1 材料

高空作业机械应按图样规定的材质生产，并应具有供应厂的材质保证书，对所用材料应执行进厂检验制度，不符合规定的材料不得用于生产。若使用代用材料，则其主要技术性能不应低于原设计要求。

4.2 连接

4.2.1 焊接

4.2.1.1 对主要受力构件的焊缝必须进行质量检查，保证焊缝达到设计要求。

4.2.1.2 主要受力构件的焊缝应符合 GB 3323 中二级规定的要求，焊缝的外部不允许有烧穿、咬边、夹渣、焊瘤等。焊缝的纵向、横向及母体金属上不允许有裂纹，连续焊缝不能间断，鳞状波纹形成应均匀，最大高低差不应大于 2 mm。

4.2.1.3 主要承载件在同一连接处不得采用不同连接方法。

4.2.2 铆钉连接和螺栓连接

4.2.2.1 铆钉连接和螺栓连接应符合图样要求。

4.2.1.2 采用高强度螺栓连接的结构，连接表面应清除灰尘、油漆、油迹和锈蚀，连接螺栓必须采用力矩扳手或专用工具，按设计技术要求拧紧。

4.3 结构安全系数

4.3.1 承载部件所用的塑性材料，按材料的屈服强度计算，结构安全系数不应小于 2。

4.3.2 承载部件所用的非塑性材料，按材料的抗拉强度计算，结构安全系数不应小于 5。

4.3.3 确定结构安全系数的设计应力，是指高空作业机械在额定载荷下作用，并遵守操作规程时，结构件内所产生的最大应力值，设计应力还应考虑到应力集中及动力载荷的影响，结构安全系数按公式（1）计算：

$$n=\sigma\ /(\sigma_1+\sigma_2)f_1\ f_2 \tag{1}$$

式中：n—结构安全系数；

σ—4.3.1 中所述的屈服强度或 4.3.2 中所述的材料抗拉强度，MPa；

σ_1—由结构质量产生的应力，MPa；

σ_2—由额定载荷产生的应力 MPa；

f_1—应力集中系数；

f_2—动力载荷系数；

f_1、f_2 的数值可通过对样机的试验应力分析确定，或取 $f_1\geqslant 1.10$，$f_2\geqslant 1.25$。

4.4 结构报废

4.4.1 主要结构件由于腐蚀、磨损等原因而使结构应力提高，当应力增加 10%以上时应予报废。

4.4.2 主要受力构件产生永久变形而又不能修复时，应予报废。

4.4.3 主要受力构件如臂架、支腿等，整体失稳后不得修复，必须报废。

4.4.4 结构件及其焊缝发生裂纹，应分析产生的原因，可采取加强或重新施焊的措施阻止裂纹发展，并达到原设计要求时才能使用，否则应予报废。

5 调平机构

5.1 在调平过程中必须平稳、可靠，不得出现震颤、冲击、打滑、卡死等现象。

5.2 必须保证平台在任一工作位置均应处于水平状态，平台台面与水平面的夹角不得超过 1.5°。

6 链条与钢丝绳

6.1 钢丝绳或链条承受额定载荷时，按抗拉强度计算，钢丝绳或链条的安全系数不得小于 8。

6.2 钢丝绳的检查和报废应符合 GB 5972 的规定。

7 平台

7.1 平台上必须设置拴安全带的位置，工作台面应防滑。

7.2 绝缘平台必须在平台上注明绝缘电压及其检测周期。

7.3 作业高度在 20m 以上的臂架式高空作业机械，平台的前下方及左右方向均应设置防碰撞报警并自动停止工作的装置。

8 液压系统

8.1 液压系统应符合 GB 3766 中的有关规定。

8.2 液压系统应设有防止过载和冲击的装置，安全溢流阀的调定压力不得大于系统额定工作压力的 110%，系统的额定工作压力不得大于液压泵的额定压力。

8.3 液压系统中应设置防止液压缸和工作机构因自重引起下滑或因管路破裂、泄漏而导致超速下降、坠毁的装置。

8.4 液压驱动的支腿或稳定器，应设有在液压回路出现故障时，防止其缩回的装置。

8.5 按破裂强度而定的所有液压系统的零部件（如软管、硬管等），其最低破裂强度不应小于系统设计压力的 3 倍。

8.6 凡以液压传动方式操作的高空作业机械，在系统上应配有相应的保护措施，以防止当液压系统出现故障时，高空作业机械失去控制。

9 电气系统

9.1 在电气系统中应设有切断电源的总开关。

9.2 凡以电力传动方式控制的高空作业机械，在系统设计中应配有相应的保护措施，以防止在电路出现故障时，设备失去控制。

10 稳定性

10.1 水平面上的稳定性

高空作业机械应置于坚实的水平地面上，且其稳定性应满足下列条件：

a）平台在额定载荷作用下，将平台举升到最大高度后，在其周边任一点施加最大规定侧向力时应稳定。

b）平台承受 1.5 倍额定载荷，其重心可置于平台周边内距周边 300 mm 的任一点处，在工作范围内的各位置上应稳定。

c）平台若能伸出，必须能使平台伸至极限位置。在伸出部位承受 1.5 倍该部允许的最大载荷时，其重心可置于伸出平台周边内 300 mm 的任一点处，在工作范围内的各位置上应稳定。

10.2 斜面上的稳定性

10.2.1 使用支腿作业的高空作业机械除特殊要求外，不允许应用在斜面上。应用在斜面上的特殊高空作业机械也必须符合 10.2.3 的规定。

10.2.2 不用支腿作业的高空作业平台必须符合 10.2.3 的规定。

10.2.3 高空作业平台置于与水平面成 3°的斜面上，整机处于最易倾翻的状态下，平台承受 1.33 倍的额定载荷应稳定。

10.2.4 工作时必须使用支腿或其他稳定装置应加以说明。

10.2.5 高空作业车在斜面上的稳定性要求应符合 GB 9465.2—88 中 4.4.2 的规定。

11 绝缘性

11.1 具有绝缘性的高空作业机械，应在说明书和标牌上清楚地标明绝缘体的绝缘范围以及额定电压，并在说明书中注明绝缘检测电压和检测周期。

11.2 具有绝缘性能的高空作业机械，每台出厂前都应进行绝缘性能检测。

11.3 额定电压为 63 kV 以上的臂架式高空作业机械应设置检测电极并应固定安装在上臂绝缘部分内外表面位于上臂绝缘体下端金属部分 50～150 mm 处，所有连接上臂绝缘部分的液压和气压管，需用金属连接器与每条软管连接，并位于绝缘臂的检测电极附近。

伸缩臂架式高空作业机械的绝缘外表面上的检测电极可以是可拆卸的，检测电极的位置应有固定的标记以便再次检测时使用。

11.4 额定电压不大于 63 kV 的高空作业机械不需设置永久性电极，为了使检测一致以进行数据比较，在对同一高空作业机械进行的每一次试验时，臂上的电极位置应保持相同，试验电压为 90 kV、50 Hz，并试验 3 min，电流不应超过 1 mA。

额定电压为 35 kV 以下的高空作业机械检测电压应是 50 kV、50 Hz，要求试验 5 min 无击穿、过热或其他绝缘性破坏。

11.5 电压超过 63 kV 的臂架式高空作业机械，检测电压为额定电压的 2 倍，要求瞬时无击穿。

11.6 高空作业机械如装有下绝缘体，其检测的方法基本上与检测上绝缘体的方法相同，其交流试验电压的有效值为 50 kV、50 Hz，要求试验 5 min 无击穿、过热及其他绝缘性破坏现象。

11.7 当平台采用绝缘内衬时，应将绝缘内衬置入导电溶液里检验，衬体内外的液面至衬体顶部不应大于 150 mm。检测电压有效值为 50 kV、50 Hz，要求在 1 min 内无电火花，或击穿衬壁现象发生。

11.8 具有绝缘性能要求的高空作业机械应涂绝缘漆，使用的液压油应确保绝缘性。

11.9 具有绝缘性能的高空作业机械都应进行周期性绝缘性能检测。

12 安全保护装置

12.1 对人体有不安全因素的运动零部件，均应设置防护装置。

12.2 必须设置水平指示装置，只有当底盘调整至水平后，高空作业机械才能进行工作。

12.3 高空作业机械应设置防倾翻报警装置，当底盘在任何方向上与水平面的夹角大于3°时，该装置将自动报警。

12.4 除手动的高空作业平台外，带有支腿、稳定器和伸缩轴的高空作业机械应有下车与上车工作装置的互锁或锁定装置。

12.5 高空作业机械上车各动作的终点位置应设有限位装置。

12.6 高空作业机械应设有紧急停止装置，并置于操作者易达到的位置，在误操作情况下，该装置可有效切断所有动力系统。

12.7 高空作业机械主动力失效时应设有辅助下落装置。

12.8 对于平台的升降是单独的靠起升钢丝绳或链传动实现的，其系统应有断绳、断链保护装置。

12.9 高空作业机械最大总重量不得超过选用底盘要求的最大总重量，最大轴荷应符合底盘规定的最大轴荷。

12.10 作业高度在20 m以上的高空作业机械，应设置超载保护装置。

13 操纵系统

13.1 作业高度20 m以上的高空作业机械应备有对讲设备。

13.2 高空作业机械操纵装置应操作方便、灵活、准确可靠，并应有指示牌或标记。

13.3 控制手柄的操作方向应与控制的功能运动方向一致，当松开控制手柄时，应自动回到“停”位或中间位置，而且不能因振动等原因离位。

13.4 除手动作业平台外，作业高度大于8 m的高空作业平台、作业高度大于16 m的高空作业车应设有上、下两套控制装置，上控制装置应设在平台上，使操作者易于操作，并应防止误动作，下控制装置应具有上控制装置的功能，并能超越上控制装置，以便出现故障时，能及时地在地面进行控制。

13.5 操作手柄的操作力及行程应符合下列要求：

a）手操作力不大于 100 N，操作行程不大于 400 mm；

b）脚踏操作力不大于 200 N，操作行程不大于 200 mm。

14 司机与操作者

14.1 操作前

14.1.1 操作者在使用高空作业机械之前，必须做到：

a）经培训并通读使用说明书及安全规则；

b）应熟悉高空作业机械上标示的所有图表、警告内容；

c）检查液压油、燃油及电气系统是否符合要求。

14.1.2 在每次交接班前，应检查高空作业机械是否存在会影响使用和操作的缺陷，检查内容如下：

a）观察有无裂开的焊缝或其他结构缺陷、液压系统的渗漏、控制缆索的损坏、钢丝绳接头的松脱及轮胎的损坏；

b）通过操作各控制系统进行检验，以确保能完成各种动作。

所有可疑项目均应仔细检查，并对其是否危及安全做出结论，一切危及安全的因素在使用之前都要予以消除。

14.1.3 在使用高空作业机械之前，要检查工作场地是否存在危险。例如：壕沟、陡坡、洞穴、碎石、空中障碍、高压导线，以及其他可能引起危险的地方。

14.2 操作过程中

14.2.1 高空作业机械只能在遵守生产厂的使用说明书及安全规则的情况下使用。

14.2.2 在每次工作时，操作者应做到：

a）检查空中障碍及高压线，根据现行规定及标准，应自始至终使平台与带电高压线保持安全距离，不得越过；

b）一定要在坚实而平整的地面上才能工作；

c）必须使平台上的载荷及其分布符合生产厂的规定；

d）应按生产厂的使用说明书使用支腿或稳定器；

e）平台上的人员均应正确系好安全带。

14.2.3 对允许在行驶状态下进行作业的高空作业机械，在行驶前和行驶中，操作者应做到：

a）注视行驶路线并保持良好视野，并且要确保行驶的路面坚实、平整；

b）要与障碍物保持一定距离。

14.2.4 不允许进行特技驾驶或其他花样驾驶。

14.2.5 在工作过程中，平台上的工作人员要始终有一个稳定的立脚点。

14.2.6 在作业过程中，出现任何故障或误动作时应立即排除，方可继续使用。

14.2.7 禁止变更、修改或废弃安全装置。

14.2.8 当平台进行上升、下降或移动时要注意防止钢丝绳、电线、软管等缠绕。

14.3 其他要求

14.3.1 油箱

a）不允许在发动机运转情况下添加燃油，添加燃油时不得溅出。

b）不允许在工作状态下添加液压油。

14.3.2 电池充电

电池充电只能在敞开的、通风良好并且无烟雾、无明火的情况下进行。

附录二

高空作业车题库

1. 判断题

（　）1.1 高空作业车是指高空作业平台的底盘为定型机动车辆，并由车辆驾驶员操纵其移动的设备。

（　）1.2 特种设备是指涉及生命安全、危险性较大的锅炉、压力容器（含气瓶）、压力管道、电梯、起重机械、客运索道、大型游乐设施。

（　）1.3 高空作业车属于特种设备，其操作人员应取得《特种设备作业人员证》后方可上岗进行操作。

（　）1.4 高空作业车的操作人员经过生产厂家的培训后即能进行操作。

（　）1.5 起重机械，是指用于垂直升降或者垂直升降并水平移动重物的机电设备，其范围规定为额定起重量大于或者等于 0.5 t 的升降机；额定起重量大于或者等于 1 t，且提升高度大于或者等于 2 m 的起重机和承重形式固定的电动葫芦等。

（　）1.6 高空作业车的一些安全装置，使用单位可以根据自己的需要进行选择性安装。

（　）1.7 高空作业车操作人员在作业过程中根据高空作业车的安全操作规程进行作业。

（　）1.8 高空作业车操作人员在作业过程中发现事故隐患或其他不安全因素，应当立即向现场安全管理人员和单位负责人报告。

（　　）1.9 高空作业车应在当地质量技术监督局进行备案，并且每 2 年进行一次定期检验。

（　　）1.10 违章指挥，是指管理人员不履行安全职责，强令工人进行作业的行为。

（　　）1.11 违章指挥，是指管理人员不履行安全职责，违反国家有关安全法规、标准等强令工人进行违章作业的行为。

（　　）1.12 安全防护，是指防止操作者在作业时身体某部位误入危险区域或接触有害物质而采取的各种防护措施。

（　　）1.13 劳动保护是指依靠科学技术和组织管理，采取有效的技术措施和管理措施，消除生产劳动过程中危及劳动者人身安全和健康的不良条件和不安全行为，防止伤亡事故和职业病，保障劳动者在生产过程中的安全与健康。

（　　）1.14 高空作业车的高空机械动作由工作围栏内的操作人员或地面操作人员进行。

（　　）1.15 高空作业车作业区域内应设有标志并规划界限，未经允许，任何人不能进入作业区域范围内。

（　　）1.16 高空作业车作业中遇有中大雨、6 级以上大风时，操作人员不应进行室外作业操作，防止发生事故。

（　　）1.17 高空作业车事故是指造成人员伤亡的意外事件。

（　　）1.18 高空作业车可以当作起重机进行作业。

（　　）1.19 高空作业车事故是指造成人员死亡、伤害、职业病、财产损失或其他损失的意外事件。

（　　）1.20 危险是指系统中存在导致发生不期望后果的可能性超过了人们的承受程度。

（　　）1.21 报警装置是指当高空作业车出现危险情况时，自动发出警报信号的装置。

（　　）1.22 高空作业车长期不用时，停在车库里即可。

（　　）1.23 高空作业车的维修保养应由专业人员进行，操作人员不能进行。

（　　）1.24 高空作业车应定期进行维护和保养；禁止带病运行。

（　　）1.25 事故隐患泛指生产系统中可导致事故发生的人的不安全行为、物的不安全状态和管理上的缺陷。

（　　）1.26 高空作业车 GKC 12A 是一台具有绝缘性能的高空作业车。

（　　）1.27 型号为 GKC 12A 高空作业车中的 12 代表额定载荷为 120 kg。

（　　）1.28 最大平台高度大于或等于 10 m 的高空作业车应配备对讲系统。

（　　）1.29 相电压是相线与相线之间的电压。

（　　）1.30 单位时间内，电场力所作功的大小称为电功率。

（　　）1.31 相电压是相线与零线之间的电压。

（　　）1.32 为防止触电事故发生而采用的特定电源供电的电压系列。此电压系列有：42 V、36 V、24 V、12 V 和 6 V 等五种，称为安全电压。

（　　）1.33 接地电阻不得大于 5 Ω。

（　　）1.34 把在故障情况下，可能出现的对地电压的金属部分，同大地紧密地连接起来，称为保护接地。其接地电阻不得大于 4 Ω。

（　　）1.35 把电气设备在正常情况下，不带电的金属部分与电网的零线紧密连接起来，称为保护接零。

（　　）1.36 把电气设备在正常情况下，不带电的金属部分与电网的零线紧密连接起来，称为保护接地。

（　　）1.37 电流流动的方向和大小不随时间而改变的电流称为直流电。

（　　）1.38 线电压是相线与零线之间的电压。

(　　) 1.39 可以用紧急断电开关代替任何正常操作和断电开关。

(　　) 1.40 满载运行时，电动机端的电压损失不得超过额定电压的 15%。

(　　) 1.41 作用力与反作用力大小相等，方向相反且作用在一条直线上，因此能将作用力与反作用力看成一平衡力系而互相抵消。

(　　) 1.42 高强螺栓是靠本身来传递力的。

(　　) 1.43 当需要电动机反转时，只需把定子三相电源的任意两相对调即可实现。

(　　) 1.44 一般对低压设备和线路，绝缘电阻应不低于 0.5 MΩ。

(　　) 1.45 高空作业车主要受力构件产生塑性变形，使工作机构不能正常地安全运行时，如不能修复，应报废。

(　　) 1.46 最大平台高度是指工作平台承载面与作业车支承面之间的最大垂直距离。

(　　) 1.47 高空作业车作业时不得进行检修和维修。

(　　) 1.48 在紧急情况下，只有指挥人员发出的紧急停止信号，才是有效信号。操作人员可以不服从发自其他人的紧急停止信号。

(　　) 1.49 由电力驱动的高空作业车，接地、零压或过流保护不完善、失灵、都能酿成事故。

(　　) 1.50 在老工人带领下，实习一年期满，经技术监督部门考试合格，方可独立操纵高空作业车。

(　　) 1.51 操作人员应了解和掌握高空作业车全部机构及装置的性能和用途以及全部电气设备常识。

(　　) 1.52 操作人员应了解和掌握高空作业车全部机构的操作维护知识和实际操作技能。

(　　) 1.53 操作人员操作高空作业车时可以吸烟，不许吃东西、看书报等，应严格遵守劳动纪律。

（　）1.54 任何人发出紧急停车信号，高空作业车操作人员必须立即停止作业。

（　）1.55 当高空作业车处于行驶状态时，支腿应收回并可靠固定。

（　）1.56 禁止用高空作业车支腿机构作为拉具或压具使用。

（　）1.57 放支腿前应了解地面的承压能力，合理选择垫板材料，以防作业时支腿沉陷。

（　）1.58 操作高空作业车时如果作业环境小，可以不将支腿全部伸出。

（　）1.59 暂时停止作业时可以不将高空作业车恢复至行驶状态。

（　）1.60 高空作业车在作业过程中，不准扳动支腿操纵手柄，如必须调整支腿时，应先将工作平台放置初始位置，确保工作平台上没有人及其他物品时再进行调整。

（　）1.61 高空作业车在回转操作前，应观察吊臂的运动空间内是否有架空线路或其他障碍物。

（　）1.62 高空作业车完成作业后，上车收存工作与下车收支腿工作可以同时进行。

（　）1.63 高空作业车电线敷设于金属管中，金属管应经防腐处理，如用金属线槽或金属软管代替，必须有良好的防雨及防腐性。

（　）1.64 高空作业车打支腿作业时，允许一个轮胎不离地。

（　）1.65 润滑的主要作用是延长磨损，防止灰尘进入机器内，保障机械正常运行。

（　）1.66 高空作业车行驶时，工作平台上可以站人，但要系好安全带。

（　　）1.67 支腿液压锁是用来锁止支腿升降油缸的活塞杆，防止管路破裂时，活塞突然缩回。

（　　）1.68 液压油箱是液压系统用油的容器，还具有使油中杂质沉淀过滤及使油液散热的作用。

（　　）1.69 高空作业车操作人员取得《特种设备作业人员操作证》后，应每两年复审一次。

（　　）1.70 高空作业车作业完工后，必须先收回工作臂，再收起支腿。

（　　）1.71 不同牌号和不同生产厂提供的液压油可以混用。

（　　）1.72 高空作业车的最大作业高度就是最大平台高度。

（　　）1.73 最大平台幅度是指回转中心轴线与工作平台外边缘的最大水平距离。

（　　）1.74 高空作业车的额定载荷是指工作平台所允许的最大装载质量。

（　　）1.75 高空作业车按伸展结构的类型可分为伸缩臂式和折叠臂式。

（　　）1.76 最大平台高度 20 m 以下的作业车可用声音信号联系。

（　　）1.77 高空作业车在作业过程中有漏油现象，不影响使用可以继续作业。

（　　）1.78 高空作业车的作业环境温度为－25～40℃。

（　　）1.79 高空作业车平台用钢丝绳或链条的安全系数不得小于 8。

（　　）1.80 高空作业车平台应是防滑表面。

（　　）1.81 高空作业车平台可设置出入门，门可以向里开。

（　　）1.82 高空作业车平台门可以用栏杆、挡链或其他设施代替。

（　　）1.83 高空作业车平台应备有拴安全带及绳索的结点。

（　　）1.84 高空作业车应装有防止倾翻的警笛或其他报警装置。

（　　）1.85 高空作业车的限位装置失灵后，操作者可根据自己的经验进行操作。

（　　）1.86 高空作业车平台的起升、下降速度不应大于 0.4 m/s。

（　　）1.87 高空作业车出现特殊情况时，操作者可按下紧急停止开关，将所有动力系统切断。

（　　）1.88 具有回转功能的高空作业车回转速度不大 2 r/min。

（　　）1.89 绝缘臂的表面应平整、光洁、无凹坑、麻面现象，憎水性强。

（　　）1.90 高空作业车应备有下降、缩回、回转功能的辅助下落设施。

（　　）1.91 当高空作业机械平台进行上升、下降或移动时要注意防止钢丝绳、电线、软管等缠绕。

（　　）1.92 高空作业机械不允许在发动机运转情况下添加燃油，但可以在工作状态下添加液压油。

（　　）1.93 高空作业机械可以根据需要变更、修改或废弃安全装置。

（　　）1.94 高空作业机械只能在遵守生产厂的使用说明书及安全规则的情况下使用。

（　　）1.95 高空作业机械液压系统的工作介质是水。

（　　）1.96 高空作业机械的保养是一项预防性的维护修理工作。

（　　）1.97 高空作业机械主要受力构件的焊缝的外部允许

有部分烧穿、咬边、夹渣、焊瘤等。

（　　）1.98 高空作业机械根据现行规定及标准，平台与带电高压线的安全距离可以灵活掌握。

（　　）1.99 装有上、下两套控制装置的高空作业机械，下控制装置应具有上控制装置的功能。上控制装置必须能超越下控制装置，以便出现故障时，能及时地在地面进行控制。

（　　）1.100 高空作业机械控制手柄的操作方向应与控制的功能运动方向一致，当松开控制手柄时，应自动回到"停"位或中间位置，而且不能因振动等原因离位。

（　　）1.101 高空作业机械操纵装置应操作方便、灵活、准确可靠，并应有指示牌或标记。

（　　）1.102 高空作业机械对人体有不安全因素的运动零部件，均应设置防护装置。

（　　）1.103 高空作业机械必须设置水平指示装置，只有当底盘调整至水平后，才能进行工作。

（　　）1.104 高空作业机械最大总质量不得超过选用底盘要求的最大总质量，最大轴荷应符合底盘规定的最小轴荷。

（　　）1.105 额定电压不大于 63 kV 的高空作业机械必需设置永久性电极。

（　　）1.106 高空作业机械结构件及其焊缝发生裂纹，可采取加强或重新施焊的措施阻止裂纹发展，就可以使用，否则应予以报废。

（　　）1.107 高空作业机械液压系统应设有防止过载和冲击的装置。

（　　）1.108 高空作业机械液压系统中应设置防止液压缸和工作机构因自重引起下滑或因管路破裂、泄漏而导致超速下降、坠毁的装置。

（　　）1.109 修改后的《特种设备安全监察条例》于 2009 年 6 月 1 日起施行。

(　　) 1.110 修改后的《特种设备安全监察条例，完善了与特种设备事故相关的法律责任，加大了对特种设备使用单位或者对事故发生负有责任的单位及其主要负责人的行政处罚。

(　　) 1.111 新增高空作业机械只要检验合格，即可投入使用，使用单位不必到所在地区的地、市级以上特种设备安全监察机构办理注册登记手续。

(　　) 1.112 高空作业机械的使用单位应当制定事故应急措施和救援预案，每两年至少组织一次游乐设施出现意外事件或者发生事故的紧急救援演习，演习情况应当记录备查。

(　　) 1.113 高空作业机械维修、操作人员等必须经专业培训，经考核合格，取得质检总局颁发的《特种设备作业人员证》后，方可从事相应工作。

(　　) 1.114 只要有《特种设备作业人员证》，使用单位就不必对游乐设施作业人员进行安全教育和培训。

(　　) 1.115 我国安全生产工作的基本方针是“以人为本，安全第一”。

(　　) 1.116“以人为本”必须要以人的生命为本。发展不能以牺牲人的生命为代价，不能损害劳动者的安全和健康权益。

(　　) 1.117 从业人员有拒绝违章指挥和强令冒险作业的权利。

(　　) 1.118 安全事故报告应当及时、准确、完整，任何单位和个人对事故不得迟报、漏报、谎报或者瞒报。

(　　) 1.119《北京市安全生产条例》规定，生产安全事故案例是安全生产的教育和培训主要内容之一。

(　　) 1.120《中华人民共和国节约能源法》于 2008 年 4 月 1 日开始施行。

(　　) 1.121《生产安全事故报告和调查处理条例》于 2007 年 7 月 1 日起开始施行。

(　　) 1.122《中华人民共和国安全生产法》于 2002 年 11

月1日起开始施行。

2. 选择题

（　　）2.1 高空作业车操作人员，应当经有关业务主管部门考核合格，取得国家统一格式的________，方可从事相应的作业。

A. 岗位证书　　B. 职业资格证书

C. 特种设备作业人员证书　　D. 特种设备作业岗位证书

（　　）2.2 以下不属于特种设备的是________。

A. 高空作业车　　B. 氧气瓶

C. 自动扶梯　　D. 高压配电柜

（　　）2.3 通过建立高空作业车的________，可以使高空作业车的管理部门和操作人员全面掌握其技术状况，了解和掌握运行规律，防止盲目使用。

A. 使用规程　　B. 使用说明

C. 档案　　D. 技术资料

（　　）2.4 从事故的定义可以知道，意外事件出现后并没有发生人身伤害或财产损失，这种意外事件________。

A. 不是事故　　B. 也是事故

C. 仅仅是一件事件　　D. 是可以忽略的事件

（　　）2.5 高空作业车定期安全检验的周期是________。

A. 半年　　B. 一年　　C. 两年　　D. 三年

（　　）2.6 高空作业车操作人员离开岗位达________以上，应当重新进行实际操作考核。

A. 3个月　　B. 1年　　C. 6个月　　D. 2年

（　　）2.7 取得《特种设备作业人员操作证》者，每________进行1次复审。

A. 4年　　B. 1年　　C. 6个月　　D. 2年

（　　）2.8《特种设备安全监察条例》于________实施，它是一部全面规范特种设备的生产（含设计、制造、安装，改造、维修)、使用、检验检测及其安全监察的专门法规。

A. 2003 年 6 月 1 日　　B. 2003 年 3 月 29 日

C. 2003 年 4 月 17 日　　D. 2004 年 3 月 19 日

(　　) 2.9 高空作业车生产、使用单位应当建立健全高空作业车________和岗位安全责任制度。

A. 检查制度　　B. 管理制度

C. 安全管理制度　　D. 登记制度

(　　) 2.10 高空作业车应定期进行________；禁止带病进行运行。

A. 检查　　B. 清洁

C. 调试　　D. 维护和保养

(　　) 2.11 危险是指可造成________的一种现实的或潜在的条件。

A. 事故　　B. 风险　　C. 危害　　D. 安全

(　　) 2.12 主要受力构件产生________变形，使工作机构不能正常地安全运行时，如不能修复，应报废。

A. 塑性　　B. 弹性　　C. 拉伸　　D. 压缩

(　　) 2.13 室外作业的高空作业车，当风力超过________级时，应停止作业。

A. 4　　B. 5　　C. 6　　D. 7

(　　) 2.14 当发生异常情况时，利用________使高空作业车立即停止。

A. 反方向按钮　　B. 定位开关

C. 紧急停止开关　　D. 拉闸断电

(　　) 2.15 当钢丝绳________现象时应报废。

A. 出现小于钢丝总数 10%的断丝

B. 表面干燥

C. 表面有显著的变形、锈蚀、损伤

D. 不超过名义直径的 7%的腐蚀量

(　　) 2.16 高空作业车钢丝绳、链条的安全系数不得低于________。

A. 3　　　B. 5　　　C. 7　　　D. 8

(　　) 2.17 关于交流电的说法正确的是________。

A. 电流的大小和方向有时会发生变化

B. 电流的大小和方向都随时间作周期性变化的电流

C. 电流的大小随时间作周期性变化的电流

D. 电流的方向随时间作周期性变化的电流

(　　) 2.18 检修人员随身携带的照明装置的电压不得超过________V。

A. 24　　　B. 36　　　C. 42　　　D. 12

(　　) 2.19 我国规定安全电压为________，绝对安全电压为________。

A. 380 V　220 V　　　B. 36 V　12 V

C. 220 V　36 V　　　D. 380 V　36 V

(　　) 2.20 电气接地保护是指________。

A. 电气设备的金属外壳与电源中性线连接

B. 电气设备的金属外壳经电源中性线与大地可靠连接

C. 电气设备的金属外壳与大地连接

D. 电气设备中性线与大地连接

(　　) 2.21 电气设备接零保护是指________。

A. 电气设备的中性线与金属外壳连接

B. 电气设备的外壳通过中性线与大地连接

C. 电气设备的外壳与电源中性线连接

D. 电气设备金属外壳与电动机中性线可靠连接

(　　) 2.22 直接与电源连接的电动机应进行________和缺相保护。

A. 过载保护　　　B. 短路保护

C. 失压保护　　　D. 失磁保护

(　　) 2.23 下面属于压力控制阀的是________。

A. 节流阀　　　　B. 调速阀

C. 换向阀　　　　D. 溢流阀

(　　) 2.24 下面能把电动机机械能转化为液压能的是________。

A. 油马达　　　　B. 油泵

C. 活塞式油缸　　　　D. 柱塞式油缸

(　　) 2.25 稳定状态是指重力与支反力________。

A. 大小相等　方向相反

B. 大小相等　作用线相同

C. 大小相等　通过物体支承点中心

D. 大小相等　方向相反　作用线相同　通过物体支承点中点

(　　) 2.26 保护接地的接地电阻不得大于________Ω。

A. 4　　B. 10　　C. 20　　D. 2

(　　) 2.27 放支腿前应了解地面的承压能力，合理选择垫板的材料、面积及接地位置。防止作业时支腿________。

A. 沉陷　　B. 抬起　　C. 回转　　D. 固定

(　　) 2.28 高空作业车操作人员应穿________，不能穿硬底或塑料鞋。

A. 橡胶绝缘鞋　　　　B. 旅游鞋

C. 皮鞋　　　　D. 胶鞋

(　　) 2.29 高空作业车金属结构．电气设备的金属外壳等应可靠接地，接地电阻不大于________Ω。

A. 4　　B. 5　　C. 8　　D. 10

(　　) 2.30 高处坠落指作业人员在施工中，由于各种原因，从基面以上________的高处落下，而发生的事故。

A. 2 米以下　　　　B. 2 米

C. 2 米以上　　　　D. 2 米及 2 米以上

(　　) 2.31 高空作业车支腿不得有裂纹、开焊和影响________的缺陷。

A. 美观　　　　　　　　　　B. 性能

C. 安全　　　　　　　　　　D. 使用寿命

(　　) 2.32 起重机液压油过滤器要定期检查，过滤器的过滤元件滤芯必须定期检查或更新，一般应按________个月检查一次。

A. 一　　　B. 两　　　C. 三　　　D. 四

(　　) 2.33 机械结构的起重机在支腿撑好后，需用________固定。

A. 销轴　　B. 插销　　C. 杠杆　　D. 开口销

(　　) 2.34 高空作业车用来沟通上下油路、电路及气路的机构是________。

A. 回转机构　　　　　　　　B. 中心回转接头

C. 操纵阀　　　　　　　　　D. 多路换向阀

(　　) 2.35 液压油的使用周期是________。

A. 半年　　B. 一年　　C. 一年半　　D. 两年

(　　) 2.36 高处作业是指________。

A. 在 1.5 米以上作业　　　　B. 在 2 米以上作业

C. 在 3 米以上作业　　　　　D. 在 5 米以上作业

(　　) 2.37 具有回转功能的高空作业车在进行作业时，允许的作业范围是________。

A. 起重机前方或从驾驶室上空放置跨越

B. 起重机的前方及两侧方

C. 起重机后方及两侧方

D. 任何范围

(　　) 2.38 根据安全色的使用目的，安全标志分四大类，禁止标志是________。

A. 红色　　B. 黄色　　C. 绿色　　D. 蓝色

（　　）2.39 支腿液压锁的作用是________。

A. 操纵支腿油缸上升

B. 防止油缸意外破裂而支腿突然下降及行走时支腿外伸

C. 加速升降速度

D. 操纵支腿油缸下降

（　　）2.40 液压高空作业车支腿系统的构造是________。

A. 液压马达，操纵阀，吊臂

B. 液压油泵，齿轮箱

C. 固定支腿，伸缩支腿，油缸，液压锁，操纵阀

D. 减速机，卷筒

（　　）2.41 高空作业车 GKJS10 中“J”代表________。

A. 金属　　B. 机械　　C. 非绝缘　　D. 绝缘

（　　）2.42 高空作业车 GKJS10 中“S”代表________。

A. 伸缩臂式　　B. 折叠臂式

C. 缓和式　　D. 垂直升降式

（　　）2.43 高空作业车 GKC12 中“12”代表________。

A. 最大作业高度是 12 m

B. 最大平台高度是 12 m

C. 工作平台额定载荷是 120 kg

D. 最大平台幅度是 12 m

（　　）2.44 高空作业车按伸展结构的类型可分为折叠臂式、________、混合式和垂直升降式。

A. 交叉叠臂式　　B. 行臂架式

C. 伸缩臂式　　D. 自行式

（　　）2.45 高空作业车平台应有护栏或其他防护装置，高度不应小于________米。

A. 1　　B. 1.1　　C. 1.2　　D. 1.3

（　　）2.46 高空作业车平台的工作表面应是________。

A. 平整没有凹坑　　B. 铺有防滑板

C. 非金属的　　　　　　　　D. 防滑和自排水

（　　）2.47 高空作业车平台应备有________的结点。

A. 挂工具　　　　　　　　B. 栓安全带及绳索

C. 放备件　　　　　　　　D. 维修用具

（　　）2.48 带有回转机构的高空作业车最大回转速度不大于________ r/s。

A. 0.5　　B. 1.0　　C. 2.0　　D. 2.5

（　　）2.49 高空作业车平台的起升、下降速度不应大于________ m/s。

A. 0.7　　B. 0.6　　C. 0.5　　D. 0.4

（　　）2.50 高空作业车绝缘臂的表面应平整、光滑、无凹坑、麻面现象，________。

A. 亲水性强　　　　　　　　B. 憎水性强

C. 美观性强　　　　　　　　D. 耐磨性强

（　　）2.51 高空作业车处于作业状态时，支腿________。

A. 根据周围环境确定伸出长短

B. 必须全部伸出

C. 可以半伸

D. 可以不伸

（　　）2.52 高空作业车支腿伸出后________。

A. 轮胎离地面没有要求，只要支腿全伸即可

B. 至少有 3 个轮胎离地

C. 4 个轮胎均离地

D. 4 个轮胎均离地，离地距离为 20～40 mm。

（　　）2.53 高空作业车支腿伸出后应________调水平度。

A. 用水平仪　　　　　　　　B. 凭工作经验

C. 用直尺测量　　　　　　　D. 用测量仪

（　　）2.54 只有当平台处于________时，工作人员方可进出平台。

A. 固定位置　　　　B. 稳定位置

C. 初始位置　　　　D. 最低位置

（　）2.55 当发动机或主油泵发生故障，为了使工作人员安全着陆，高空作业车应配备________。

A. 应急开关　　　　B. 紧急停止开关

C. 救援车　　　　D. 手动泵

（　）2.56 高空作业车在最大负荷下工作时，吊臂左右旋转角度各不能超过________。

A. 30°　　B. 45°　　C. 60°　　D. 90°

（　）2.57 高空作业机械的纵向、横向焊缝及母体金属上不允许有裂纹，连续焊缝不能间断，鳞状波纹形成应均匀，最大高低差不应大于________ mm。

A. 1　　B. 2　　C. 4　　D. 6

（　）2.58 高空作业机械的结构，采用高强度螺栓连接，连接表面应清除灰尘、油漆、油迹和锈蚀，连接螺栓必须采用________，按设计技术要求拧紧。

A. 力矩扳手　　　　B. 专用工具

C. 普通扳手　　　　D. 力矩扳手或专用工具

（　）2.59 高空作业机械承载部件所用的非塑性材料，按材料的抗拉强度计算，结构安全系数不应小于________。

A. 2　　B. 3　　C. 4　　D. 5

（　）2.60 高空作业机械主要受力构件，如________等，整体失稳后不得修复，必须报废。

A. 臂架　　　　B. 臂架、支腿

C. 支腿　　　　D. 工作平台

（　）2.61 高空作业机械在________过程中必须平稳、可靠，不得出现震颤、冲击、打滑、卡死等现象。

A. 升降　　B. 回转　　C. 调平　　D. 行走

（　）2.62 高空作业机械必须保证平台在任一工作位置均

应处于水平状态，平台台面与水平面的夹角不得超过________。

A. 0°　　B. 1.5°　　C. 3°　　D. 3.5°

（　）2.63 高空作业机械的液压系统中，安全溢流阀的调定压力不得大于系统额定工作压力的________%，系统的额定工作压力不得大于液压泵的额定压力。

A. 90　　B. 110　　C. 115　　D. 120

（　）2.64 高空作业机械的液压油缸可以把________转变为机械能。

A. 化学能　　B. 压力能　　C. 电能　　D. 光能

（　）2.65 高空作业机械的液压系统的动力元件是________。

A. 转向油缸　　B. 换向阀

C. 起升油缸　　D. 液压泵

（　）2.66 高空作业机械工作装置的限速阀是限制________。

A. 下降速度　　B. 起升速度

C. 行驶速度　　D. 发动机转速

（　）2.67 液压系统的压力、流量和方向等各种阀类是________。

A. 动力元件　　B. 执行元件

C. 控制元件　　D. 辅助元件

（　）2.68 液压系统的液压缸与液压马达是________。

A. 动力元件　　B. 执行元件

C. 控制元件　　D. 辅助元件

（　）2.69 液压系统的油箱、管路、管接头、蓄能器、滤油器、换能器以及各种控制仪表等是________。

A. 动力元件　　B. 执行元件

C. 控制元件　　D. 辅助元件

（　）2.70 液压系统中，压力是由________决定的。

A. 液压泵　　B. 液压阀

C. 外界负载　　D. 液压马达

(　　) 2.71 液压系统中执行元件的动作快慢是由________决定的。

A. 节流阀　　B. 压力阀　　C. 方向阀　　D. 溢流阀

(　　) 2.72 液压系统中执行元件的方向变化是由________决定的。

A. 节流阀　　B. 压力阀　　C. 方向阀　　D. 单向阀

(　　) 2.73 任何场合和季节条件下的轴承均可加注________。

A. 钙基润滑脂　　B. 钠基润滑脂

C. 锂基润滑脂　　D. 石墨钙基润滑脂

(　　) 2.74 高空作业机械作业高度在________ m 以上的臂架式高空作业机械，平台的前下方及左右方向均应设置防碰撞报警并自动停止工作的装置。

A. 10　　B. 15　　C. 20　　D. 30

(　　) 2.75 高空作业机械液压驱动的支腿或稳定器，应设有在液压回路出现故障时，防止其缩回的________安全装置。

A. 销轴　　B. 插销　　C. 液压锁　　D. 开口销

(　　) 2.76 高空作业机械按破裂强度而定的所有液压系统的零部件（如软管、硬管等），其最低破裂强度不应小于系统设计压力的________倍。

A. 2　　B. 3　　C. 4　　D. 5

(　　) 2.77 高空作业机械在电气系统中应设有切断电源的________。

A. 应急开关　　B. 紧急停止开关

C. 总开关　　D. 限位开关

(　　) 2.78 高空作业机械应置于坚实的水平地面上，其重心可置于平台周边内距周边________ mm 的任一点处，在工作范围内的各位置上应稳定。

A. 50　　B. 150　　C. 200　　D. 300

(　　) 2.79 应用在斜面上的特殊高空作业机械必须符合高

空作业平台置于与水平面成________的斜面上。

A. 0°　　B. 1°　　C. 3°　　D. 5°

（　　）2.80 额定电压为 63 kV 以上的臂架式高空作业机械应设置检测电极并应固定安装在上臂绝缘部分内外表面位于上臂绝缘体下端金属部分________ mm 处。

A. 25～50　　B. 25～150　　C. 50～100　　D. 50～150

（　　）2.81 伸缩臂架式高空作业机械的绝缘外表面上的检测电极可以是可拆卸的，检测电极的位置应有________标记以便再次检测时使用。

A. 临时的　　B. 永久的　　C. 固定的　　D. 两个

（　　）2.82 额定电压为 35 kV 以下的高空作业机械检测电压应是 50 kV、50 Hz，要求试验________ min 无击穿、过热或其他绝缘性破坏。

A. 1　　B. 2　　C. 5　　D. 10

（　　）2.83 电压超过 63 kV 的臂架式高空作业机械，检测电压为额定电压的________倍，要求瞬时无击穿。

A. 1　　B. 2　　C. 5　　D. 10

（　　）2.84 高空作业机械应设置防倾翻报警装置，当底盘在任何方向上与水平面的夹角大于________时，该装置将自动报警。

A. 0°　　B. 1°　　C. 3°　　D. 5°

（　　）2.85 高空作业机械上车各动作的终点位置应设有________装置。

A. 应急开关　　B. 紧急停止

C. 限位　　D. 辅助下落

（　　）2.86 高空作业机械应设有________紧急停止装置，并置于操作者易达到的位置，在误操作情况下，该装置可有效切断所有动力系统。

A. 应急开关　　B. 紧急停止

C. 断绳　　　　　　　　D. 辅助下落

（　　）2.87 高空作业机械主动力失效时应设有________装置。

A. 应急开关　　　　　　B. 紧急停止

C. 断绳　　　　　　　　D. 辅助下落

（　　）2.88 对于平台的升降是单独的靠起升钢丝绳传动实现的，其系统应有________保护装置。

A. 应急开关　　　　　　B. 紧急停止

C. 断绳　　　　　　　　D. 手动泵

（　　）2.89 对于平台的升降是单独的靠起升钢丝绳或链传动实现的，其系统应有________断链保护装置。

A. 应急开关　　　　　　B. 紧急停止

C. 断链　　　　　　　　D. 手动泵

（　　）2.90 作业高度在________m 以上的高空作业机械，应设置超载保护装置。

A. 10　　B. 15　　C. 20　　D. 30

（　　）2.91 高空作业机械除手动作业平台外，作业高度大于________m 的高空作业平台、作业高度大于________m 的高空作业车应设有上、下两套控制装置。

A. 5、10　　B. 8、16　　C. 10、20　　D. 16、32

（　　）2.92 高空作业机械的________负责检查，结构有无缺陷、裂开的焊缝、液压系统的渗漏、控制缆索的损坏、钢丝绳接头的松脱及轮胎的损坏等。

A. 安全员　　B. 维修工　　C. 班组长　　D. 操作者

（　　）2.93 高空作业机械安全装置的检查人员是________。

A. 安全员　　B. 维修工　　C. 班组长　　D. 操作者

（　　）2.94 内燃高空作业机械有________电源。

A. 一个　　B. 两个　　C. 三个　　D. 四个

（　　）2.95 限位开关不起作用的原因是由________造成的。

A. 限位开关内部短路　　　　B. 限位回路中短路

C. 限位开关零件失效　　　　D. 限位开关外部短路

(　　) 2.96 对控制回路起短路保护作用的保护电器是________。

A. 过电流继电器　　　　B. 限位器

C. 紧急开关　　　　D. 熔断器

(　　) 2.97 为防止电器失火，要经常检查各绝缘是否符合规定，发生火险和失火时，应首先________。

A. 立即离开火源　　　　B. 用灭火器扑救

C. 立即切断电源　　　　D. 用灭火剂扑救

(　　) 2.98 带电设备发生火灾时使用的灭火物质应该是________。

A. 空气泡沫灭火器　　　　B. 液体灭火剂

C. 泡沫灭火剂　　　　D. 二氧化碳灭火剂

(　　) 2.99 电动机电刷磨损掉原高度的________时，应更换。

A. 1/2　　B. 1/3　　C. 1/4　　D. 2/3

(　　) 2.100 对于频繁起动的电动机选型应合理，起动电流宜不大于额定电流值的________倍。

A. 2　　B. 2.5　　C. 3　　D. 4.5

(　　) 2.101 制动装置的制动力矩（力）应≥________倍额定负荷力矩（力）。手控制动器操作手柄的作用力应为100～200 N。

A. 1　　B. 1.5　　C. 2　　D. 2.5

(　　) 2.102 为使游艺类设施经常处于良好的运营状态，延长设施的使用年限。维修系统除应加强正常维护保养外________。

A. 还必须进行有计划的修理

B. 还必须进行一级保养

C. 还必须进行二级保养

D. 还必须进行有计划的项目修理

（　）2.103 游乐设施上发生人身伤亡事故，首先要实施对伤员的抢救。对伤势较重的除报“120”救护中心外，________。

A. 及时将伤员运送到通道上

B. 将伤员安置在安全的地方

C. 在现场对负伤人员进行针对性的救援

D. 还要观察伤员的情况

3. 简答题

3.1 高空作业车的最大平台高度和最大作业高度各指什么?

3.2 什么是高空作业车的最大平台幅度?

3.3 高空作业车按伸展结构的类型分可分为哪几种？各用什么符号表示?

3.4 高空作业车 GKJZ10A 型号中字母及数字各代表什么含义?

3.5 高空作业车的致命故障有哪些特征?

3.6 高空作业车的严重故障有哪些特征?

3.7 高空作业车的一般故障有哪些特征?

3.8 高空作业车的轻度故障有哪些特征?

3.9 高空作业车长期不用应怎样存放?

3.10 高空作业车行使前应做哪些准备工作?

3.11 高空作业车到达作业现场后应怎样停车?

3.12 高空作业车支腿操作应注意哪些事项?

3.13 高空作业车作业操作时应注意哪些事项?

3.14 高空作业车的极限工作状态包括哪些?

3.15 高空作业车的日常保养包括哪些主要内容?

3.16 电动机或电磁铁过热而起火时，应采取什么措施?

3.17 如何使触电人迅速脱离电源?

3.18 人体触电后可能有哪几种状况？怎样确定施行急救的

方法？

3.19 高空作业车的手动泵如何操作？

3.20 高空作业车的液压油如何检查油位？怎样更换液压油？

3.21 高空作业车维护保养的目的是什么？

3.22 高空作业车的限位开关一般有哪些？

3.23 定期维护保养时高空作业车的主要结构件应怎样进行？

高空作业车题库参考答案

1. 判断题参考答案

1.1（√）	1.2（×）	1.3（√）	1.4（×）	1.5（√）
1.6（×）	1.7（√）	1.8（√）	1.9（√）	1.10（×）
1.11（√）	1.12（√）	1.13（√）	1.14（×）	1.15（√）
1.16（√）	1.17（×）	1.18（×）	1.19（√）	1.20（√）
1.21（√）	1.22（×）	1.23（×）	1.24（√）	1.25（√）
1.26（×）	1.27（×）	1.28（×）	1.29（×）	1.30（√）
1.31（√）	1.32（√）	1.33（×）	1.34（√）	1.35（√）
1.36（×）	1.37（√）	1.38（×）	1.39（×）	1.40（√）
1.41（×）	1.42（×）	1.43（√）	1.44（√）	1.45（√）
1.46（√）	1.47（√）	1.48（×）	1.49（√）	1.50（×）
1.51（×）	1.52（√）	1.53（×）	1.54（√）	1.55（√）
1.56（√）	1.57（√）	1.58（×）	1.59（×）	1.60（√）
1.61（√）	1.62（×）	1.63（√）	1.64（×）	1.65（√）
1.66（×）	1.67（√）	1.68（√）	1.69（√）	1.70（√）
1.71（×）	1.72（×）	1.73（√）	1.74（√）	1.75（×）
1.76（√）	1.77（×）	1.78（√）	1.79（√）	1.80（√）
1.81（×）	1.82（√）	1.83（√）	1.84（√）	1.85（×）
1.86（√）	1.87（√）	1.88（√）	1.89（√）	1.90（√）
1.91（√）	1.92（×）	1.93（×）	1.94（√）	1.95（×）

1.96（√） 1.97（×） 1.98（×） 1.99（×） 1.100（√）
1.101（√） 1.102（√） 1.103（√） 1.104（×） 1.105（×）
1.106（×） 1.107（√） 1.108（√） 1.109（×） 1.110（√）
1.111（×） 1.112（×） 1.113（√） 1.114（√） 1.115（√）
1.116（√） 1.117（√） 1.118（√） 1.119（√） 1.120（√）
1.121（×） 1.122（√）

2. 选择题参考答案

2.1（C） 2.2（D） 2.3（C） 2.4（A） 2.5（C）
2.6（C） 2.7（D） 2.8（A） 2.9（C） 2.10（D）
2.11（A） 2.12（A） 2.13（C） 2.14（C） 2.15（C）
2.16（D） 2.17（B） 2.18（B） 2.19（B） 2.20（C）
2.21（C） 2.22（B） 2.23（D） 2.24（B） 2.25（D）
2.26（A） 2.27（A） 2.28（A） 2.29（A） 2.30（D）
2.31（C） 2.32（C） 2.33（B） 2.34（B） 2.35（B）
2.36（B） 2.37（C） 2.38（A） 2.39（B） 2.40（C）
2.41（D） 2.42（A） 2.43（B） 2.44（C） 2.45（B）
2.46（D） 2.47（B） 2.48（C） 2.49（D） 2.50（B）
2.51（B） 2.52（D） 2.53（A） 2.54（C） 2.55（D）
2.56（B） 2.57（B） 2.58（D） 2.59（D） 2.60（B）
2.61（C） 2.62（B） 2.63（B） 2.64（B） 2.65（D）
2.66（A） 2.67（C） 2.68（B） 2.69（D） 2.70（C）
2.71（A） 2.72（C） 2.73（C） 2.74（C） 2.75（C）
2.76（B） 2.77（C） 2.78（D） 2.79（C） 2.80（D）
2.81（C） 2.82（C） 2.83（B） 2.84（C） 2.85（C）
2.86（B） 2.87（D） 2.88（C） 2.89（C） 2.90（C）
2.91（B） 2.92（D） 2.93（D） 2.94（B） 2.95（D）
2.96（D） 2.97（C） 2.98（D） 2.99（D） 2.100（D）
2.101（B） 2.102（A） 2.103（C）

3. 简答题参考答案

3.1 高空作业车的最大平台高度和最大作业高度各指什么?

答：高空作业车的最大平台高度是指工作平台底面与作业车支承面之间的最大垂直距离；最大作业高度是指最大平台高度与作业人员可以进行安全作业所能达到的高度之和。

3.2 什么是高空作业车的最大平台幅度?

答：高空作业车的最大平台幅度是指回转中心轴线与工作平台外边缘的最大水平距离。

3.3 高空作业车按伸展结构的类型分可分为哪几种？各用什么符号表示?

答：高空作业车按伸展结构的类型分可分为伸缩臂式，用符号 S 表示；折叠臂式，用符号 Z 表示；混合式，用符号 H 表示和垂直升降式，用符号 C 表示。

3.4 高空作业车 GKJZ10A 型号中字母及数字各代表什么含义?

答：高空作业车 GKJZ10A 型号中 "GK" 代表高空作业车，"J" 代表绝缘，"Z" 代表折叠臂式，"10" 代表最大平台高度为 10 m，"A" 代表第一次变形产品。

3.5 高空作业车的致命故障有哪些特征?

答：高空作业车致命故障的特征包括：零部件严重变形、机身断裂、绝缘性能严重降低，导致人身伤亡。

3.6 高空作业车的严重故障有哪些特征?

答：高空作业车严重故障的特征包括：结构间发生扭曲变形，安全防护装置失灵，修复时间在 3 个小时以上。

3.7 高空作业车的一般故障有哪些特征?

答：高空作业车一般故障的特征包括：已影响作业车使用性能，必须停机检修，只用随机工具更换或修理，修复时间不超过两个小时，而又不经常发生的故障。

3.8 高空作业车的轻度故障有哪些特征?

答：高空作业车轻度故障的特征包括：紧固件松动，调整不当即维修保养不够等产生的故障，修复时间不超过 30 min。

3.9 高空作业车长期不用应怎样存放？

答：高空作业车长期停用时应将支腿放下，使轮胎支离地面，将燃料和水放尽，切断电路、锁上驾驶室；停放在通风、防潮、防暴晒、无腐蚀气体侵害、有消防设施的场所，并按产品使用说明书的规定进行定期保养。

3.10 高空作业车行驶前应做哪些准备工作？

答：高空作业车行驶前应做好以下工作：

1. 操作者应仔细阅读底盘和上车使用说明书，熟悉底盘及上车使用要求。

2. 检查底盘油位、水位。

3. 检查燃油箱油位。

4. 检查液压油箱油位。

5. 检查上、下臂是否落位，不得悬空。

6. 检查作业平台，平台内不得放置任何没有固定的物品。

7. 检查支腿是否完全缩回。

8. 检查取力装置是否处于脱开状态。

3.11 高空作业车到达作业现场后应怎样停车？

答：1. 停车地点应地面平整，允许最大倾斜角为 5°。在斜坡上停车时应将车辆的驾驶室冲着坡顶，车辆的纵向与斜坡的方向一致，不能横放在坡上。

2. 在公路上进行工作时，作业车应尽量靠边停放，停放时应考虑周围环境是否满足支腿伸出长度。停车后及时打开作业车的危险警告信号灯。有人员从左侧进出驾驶室时，应观察前后车辆情况，快速进出，并随时关好车门。

3. 车辆工作地点的地面应坚实，无空洞。

3.12 高空作业车支腿操作应注意哪些事项？

答：高空作业车进行支腿操作时应注意以下事项：

1. 当作业场地高低不平或地基较软时，要用木块垫在支腿下。

2. 工作臂必须处于初始位置时（在臂支架上），才可以进行支腿操作。伸支腿时，必须先伸水平支腿，再伸垂直支腿；收支腿时，先收垂直支腿，后收水平支腿。

3. 支腿伸出后，轮胎必须离开地面 20～40 mm 距离，

3.13 高空作业车作业操作时应注意哪些事项?

答：高空作业车操作中应注意以下事项：

1. 只有当平台处于初始位置时，工作人员方可进出，进出平台只能通过侧门。

2. 人员进出平台后，及时插好插销，系好安全带。严禁操作人员不系安全带进行作业。

3. 严禁平台超载工作。

4. 每次操作只能进行上臂、下臂、小臂、回转中的一个动作。

5. 上臂、下臂、小臂、回转动作时，先按下动作选择开关，再缓慢搬动调速手柄，动作停止时，先缓慢放松调速手柄，再松开动作选择开关。不得在高速时起动、停止，否则可能造成动作不稳。

6. 调节速度时，动作应缓慢，不得急剧改变工作速度。

7. 为延长高空作业车使用寿命，应尽量避免在蓟县作业状态下工作。

8. 只有当下臂完全脱离支架后，才能进行回转。

9. 作业车油温超过 70℃时，应停机休息，降温后再使用。

3.14 高空作业车的极限工作状态包括哪些?

答：高空作业车的极限工作状态包括：

1. 工作平台满载时在最大作业幅度或最大作业高度状态下工作；

2. 先将上臂或下臂举升至极限仰角，然后再举升另一工作臂。尤其注意避免作业车在下臂仰角超过 60°，上臂与下臂夹角仍处于平行位置的状态下工作。

3.15 高空作业车的日常保养包括哪些?

答：高空作业车的日常保养包括：

1. 检查油管是否有损坏，是否有漏油现象。

2. 保持作业车清洁，注意保持通向作业车走台板和工作平台的阶梯上不能有油、脂、泥。

3. 检查作业车各处标牌，更换和修复所有损坏标牌。

3.16 电动机或电磁铁过热而起火时，应采取什么措施？

答：当电动机或电磁铁过热而起火时，应立即切断电源，然后用二氧化碳或四氯化碳灭火器灭火，严禁用水和泡沫灭火器灭火，切记不能带电灭火。

3.17 如何使触电人迅速脱离电源？

答：采取以下方法使触电人迅速脱离电源：

1. 电源开关在近处时，应立即断开电源开关。

2. 电源开关太远时，救护人可以用干燥衣服、手套、绳索、木板或木棒等绝缘物为工具，拉开触电者，或挑开电线，使之脱离电源。

3. 如电源开关太远，而触电者因抽筋而紧握电线时，可用干燥的木柄斧，胶把钳工工具切断电线，或用干木板等绝缘物插入触电者身下，以隔断电流。

4. 如为高压触电，应立即通知有关部门停电。

3.18 人体触电后可能有哪几种状况？怎样确定施行急救的方法？

答：人体触电后可能有以下几种状况和急救的方法：

1. 触电人未失去知觉，仅在触电过程中出现昏迷现象，则应该使其安静，并请医生来诊治或送往医院。

2. 触电人失去知觉，但心脏跳，呼吸存在，可使其安静舒适地平躺，解开衣扣、腰带，以利呼吸，并迅速请医生前来检查和诊治。

3. 触电人失去知觉，呼吸困难，应立即进行人工呼吸急救。

4. 触电人呼吸和心脏跳动完全停止，应立即使用口对口人工呼吸法和胸外心脏挤压法进行急救。

3.19 高空作业车的手动泵如何操作?

答：当作业车在工作过程中，主动力源（发动机或主油泵）发生故障时，为了使工作人员及时安全着陆，可使用手动泵作为应急动力源。使用时将压杆套在手动泵上，再将手动泵上泄荷阀的手轮旋至“工作”位置（按标牌指示），然后用力反复压动压杆来操纵各执行部件，使工作臂收回。主动力源出现故障后，应找出故障并排除，不允许在原因不明的情况下，继续反复使用手动泵，以避免损坏手动泵。

3.20 高空作业车的液压油如何检查油位？怎样更换液压油?

答：将车停在水平的地面，油位应达到油标 2/3 处，如果油位不够，加注与原来同样牌号的液压油，加到正确的油位为止。加油时应注意，为避免损坏液压系统，不要混用不同品牌，不同性质的液压油。

高空作业车根据使用说明书的要求，在使用一定时间后应更换液压油，换油时将液压油箱洗晾干后，方可装入新油。之后将油箱上的回油管拆下，接入另一容器，使油泵工作，依次操纵各机构，用新油将旧油顶出，使整个油路都充满新油后，再将回油管接至油箱上，同时补充新油至规定位置。

3.21 高空作业车维护保养的目的是什么?

答：其目的在于：

1. 保证作业车经常处于良好的安全技术状态。

2. 消除隐患，确保安全运行。

3. 降低损耗，提高使用效率。

4. 减少故障，保证使用可靠。

3.22 高空作业车的限位开关一般有哪些?

答：高空作业车的限位开关一般有：

1. 检测行驶状态的限位开关。

2. 垂直支腿伸出感应开关。

3. 下臂角度感应开关。

4. 上臂与水平面夹角限位开关。

5. 平台防碰限位开关。

3.23 定期维护保养时高空作业车的主要结构件应怎样检查?

答：定期维护保养时高空作业车的主要结构件应进行以下检查：

检查作业车主要结构件有无裂纹和损坏，如果出现问题，不要使用作业车，联系生产厂修理。检查工作平台与其支架、转台与回转支承、回转支承与副车架、主副车架等处的连接螺栓有无松动或损坏，平衡拉杆连接是否可靠，所有的销轴紧固情况是否有损坏。检查中发现紧固件有松动现象，应立即更换。